U0157185

金版

家常主食

美食生活工作室

……………

组织编写

青岛出版社
QINGDAO PUBLISHING HOUSE

图书在版编目（CIP）数据

金版家常主食 / 美食生活工作室组编 . — 青岛 : 青岛出版社 , 2021.1
ISBN 978-7-5552-0833-4

Ⅰ . ①金… Ⅱ . ①美… Ⅲ . ①主食－食谱 Ⅳ . ① TS972.13

中国版本图书馆 CIP 数据核字 (2021) 第 006925 号

书　　　名	金版家常主食 JINBAN JIACHANG ZHUSHI
组 织 编 写	美食生活工作室
参 与 编 写	圆猪猪　蜜　糖　鑫雨霏霏　孙春娜　蝶　儿 梁凤玲　陈小厨
出 版 发 行	青岛出版社
社　　　址	青岛市海尔路182号（266061）
本 社 网 址	http://www.qdpub.com
邮 购 电 话	0532-68068091
策 划 编 辑	周鸿媛
责 任 编 辑	贾华杰　纪承志
特 约 编 辑	刘　倩
装 帧 设 计	文俊丨1024设计工作室（北京）
制　　　版	青岛乐道视觉创意设计有限公司
印　　　刷	青岛名扬数码印刷有限责任公司
出 版 日 期	2021年1月第1版　2021年1月第1次印刷
开　　　本	16开（889毫米×1194毫米）
印　　　张	13
字　　　数	500千
图　　　数	1385幅
书　　　号	ISBN 978-7-5552-0833-4
定　　　价	49.80元

编校印装质量、盗版监督服务电话　4006532017　0532-68068638
建议陈列类别：生活类　美食类

致思家心切的人

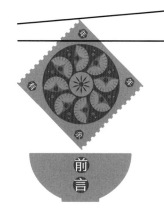

　　对于中国人来说，家和团圆有着重要的意义。不管身在何方，每个人都深深惦念着自己的家，期盼着和家人一起吃顿团圆饭。作为《金版家常菜》的搭档，《金版家常主食》顺延了《金版家常菜》有温度、有爱意、时尚与科技并举的编辑宗旨，以照顾全家人日常主食需求为目的，是一本博采中西、贯汇南北的主食经典之作，无论是"你在南方的艳阳里大雪纷飞"，还是"我在北方的寒冬里四季如春"，每个人都能从中找到适合家人的主食。

　　中国地大物博，南方和北方的饮食也颇有不同。除了回味家常味道，在外地生活的人也常想把当地的风味带回老家，与家人一起分享。

　　《金版家常主食》共分为"寻味四方""回家吃饭""暖暖烘焙""福利彩蛋"四个部分。

　　"寻味四方"将中华南北风味 TOP 榜单主食尽收其中：温润鲜咸的广东肠粉、上海阳春面，麻辣劲爆的四川担担面、重庆酸辣粉，制作讲究的台湾红烧牛肉面、云南过桥米线，告诉你什么是南方有滋味；汁浓味重的关中臊子面、陕西肉夹馍，肉香四溢的新疆大盘鸡、山西刀削面，别具特色的天津煎饼果子、胶东鲅鱼饺子，告诉你什么是北方有味道；而青团、小汤圆、肉粽、冰皮月饼更是道出了南北不同的节日饮食传统。无论你在哪里，都能从《金版家常主食》中找到适合家人一起享用的主食菜品。

　　"回家吃饭"将中国人最朴实的想法融入厨房技艺中：质朴至纯馒头、有颜有形花卷、美味不过包子、好吃不如饺子、有汤有馅馄饨、有面有料大饼、香滋辣味米饭、长长久久面条、呵护全家营养粥——编者选择的都是最为常见的家常主食，这些主食的烹制过程详尽，并且多数附有制作过程的视频，你可以轻松地为家人带来美味主食，还可以带上孩子一起体验制作，为孩子不可逆的童年奉上一段难忘的亲子时光。

　　"暖暖烘焙"将烘焙食物的温暖带给家人：有甜有咸小饼干、与唯美相遇的蛋糕、简单的幸福小面包、有点仪式感的比萨——无不诉说着生活中的故事，让精致的生活美学点亮家庭生活的温暖。

作为首部可视可听可读融媒体食谱，编者为家庭主厨们提供了更加便捷高效的下厨方式：《金版家常主食》附有1200多分钟（全书199道食谱）的制作音频和500多分钟（共47道食谱）的烹饪视频，您只需打开手机，用微信扫描书中的二维码，就能在"美食与时尚生活"公众号的"看视频"和"听音频"专栏中获取。当您在主食制作过程中，不方便随时翻书或看视频时，一个能听的食谱就能帮到您的大忙！快快来体验一下吧！

"露从今夜白，月是故乡明。"杜甫在写下《月夜忆舍弟》时，怎么都想不到在1300多年后的今天，这句诗会成为人们在思念家乡时最常吟诵的，哪怕有些人其实不曾读过原诗。每天一下班，上班族们就挤进车水马龙的晚高峰；每个学期考试一结束，学子们就收拾行囊踏上拥挤的火车；每年一到春节，在他乡打工的人们便涌入春运大军……他们千里奔波，不过只为一口家的味道。出发是为了更好地回来，回到家中，与家人一起吃团圆饭。这正是因为家是每个人心中最柔软的地方，是人生安心的归宿。

万物有情，谷米为食。菜肴可更迭，唯主食不可替代。软糯的面食，柔和一家人的温暖；醇醇的米香，蒸腾出全家的幸福。

让我们带上爱的味道，一起回家吃饭！

美食生活编辑部

2020 岁末

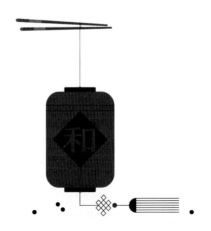

壹。寻味四方

把南北 TOP 榜主食带回家

贰。回家吃饭

天天吃不腻的家常主食

叁。暖暖烘焙

全家每天吃出一道彩虹

有咸有甜小饼干

与唯美相遇的蛋糕

肆。福利彩蛋

生活总是在不经意的时候给我们惊喜

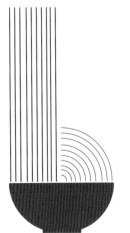

 47 道食谱，500+ 分钟精彩视频

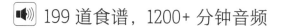 199 道食谱，1200+ 分钟音频

 扫码关注，在下方菜单栏选
择"看视频"或"听音频"，
即可畅享美食视听盛宴

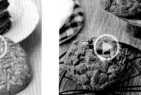

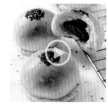

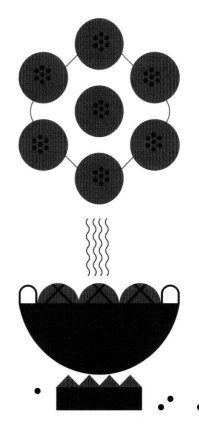

家人牵挂之时，便是心安之处，让我们带上这份守护，
向爱出发，走进人间烟火处。

壹。

寻味四方

把南北TOP榜
主食带回家

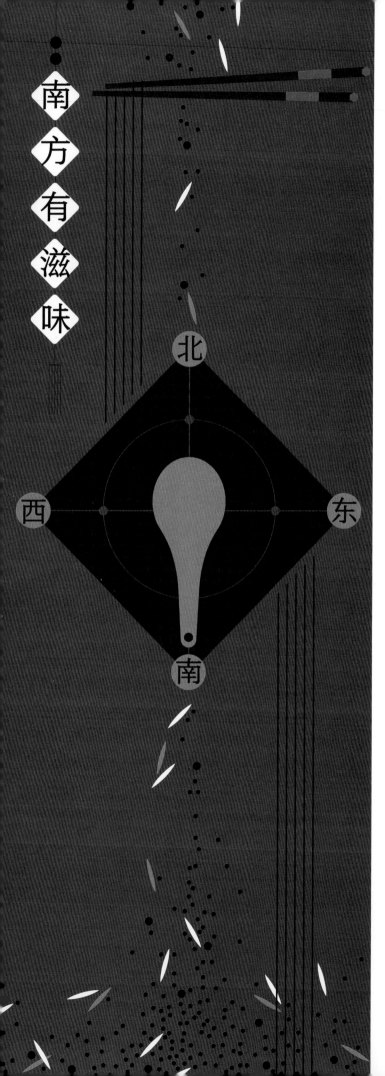

① 黄桥烧饼

难度：★ ☆ ☆

主料
面粉 500 克，火腿 1 块，
清水 250 毫升

调料
猪油适量

配料
熟芝麻 50 克

制作方法

① 面粉中加入猪油并逐渐加入清水，和成面团，静置一会儿。
　将火腿切成小丁，和猪油混合成馅料。
② 将静置好的面团擀开，像包入一块猪油，收口处捏紧，再将
　面团擀成长方形面饼。将左边 1/3 的面饼向中间折，将右边
　1/3 的面饼向左折，盖住已叠起的部分。
③ 将叠好的面团再次擀成长方形，重复再次将面团擀成长方形
　后卷起。揪成大小均匀的面剂子。
④ 面剂子压扁，包入馅料，收口收紧，表面撒满熟芝麻，入烤箱，
　以 180℃ 上下火烤 25 分钟。

② 扬州炒饭

🔊)) 难度：★★☆

🌿 主料

鲜虾 200 克，胡萝卜、豌豆粒各 30 克，甜玉米粒 20 克，腊肠（或火腿）50 克，鸡蛋 2 个，熟米饭 1 碗

🧂 调料

A：盐 1 克，玉米淀粉 5 克，花生油 5 毫升，清水 8 毫升，柠檬汁少许

B：鱼露、生抽各 30 毫升，盐 1 克，白胡椒粉 3 克

其他：葱花 20 克，香油（或鸡油）少许，花生油适量

📝 制作方法

① 鲜虾去头、壳，在背部切一刀，不切断，去除虾线，洗净。将虾仁用调料 A 调匀，腌制 10 分钟。将腊肠、胡萝卜切丁，鸡蛋打散成蛋液。

② 将 5 毫升花生油倒入熟米饭内，搅拌均匀。

③ 锅中加水烧开，放入胡萝卜丁、甜玉米粒、豌豆粒、腊肠丁汆烫 1 分钟，捞起沥净水。

④ 锅中倒入花生油烧至八成热，放入虾仁，翻炒至变为白色，盛出，备用。

⑤ 锅中再倒入花生油，烧至八成热，倒入蛋液，迅速将蛋炒散。

⑥ 倒入拌好的熟米饭及步骤③中余烫好的材料，加入调料 B，用中火不停翻炒。放入炒好的虾仁，翻炒数下。撒上葱花，淋上少许香油即可。

👨‍🍳 制作关键

① 要想炒饭时不粘锅，可先在米饭里拌点油，或是在煮米饭时加 5 毫升花生油，这两种方法都可以起到防粘的效果。

② 炒饭时要不停翻动食材，特别是底部的，防止炒出锅巴。

③ 如果有鸡油的话，加一些在炒饭里会更香。

③ 南京灌汤包

难度：★ ★ ☆

🌿 主料

雪花粉 500 克，清水 220 毫升，肉皮冻 300 克，蟹肉 50 克，蟹黄 50 克，金瓜泥、胡萝卜泥各适量

🧂 调料

鸡油 10 克，正义猪油 25 克，自制猪油 10 克，盐、姜末、白糖、白胡椒粉各适量，白兰地少许

🖊 制作方法

① 先做馅料。将自制猪油和鸡油下锅烧热，放入姜末炒出香味，放蟹黄熬 5 分钟左右使油出色，放入蟹肉、金瓜泥和胡萝卜泥炒香，加白兰地、白糖和白胡椒粉调味后起锅。肉皮冻切成小块，和炒好的蟹肉等混合，加少许盐，搅拌成团，冷藏 30 分钟。

② 雪花粉放入盆中，扒一个窝，在窝中加入少许盐和正义猪油，慢慢加入清水，和成雪花状，用手掌根将其使劲揉成表面光滑的面团，盖上湿布，醒发 15 分钟。

③ 把醒发好的面团搓成长条，揪成等大的剂子（每个剂子 18 克左右）。

④ 用擀面杖将剂子擀成边缘薄、中间稍厚的包子皮，在每个包子皮中包入约 60 克馅料。

⑤ 拇指在内、食指在外捏褶封口。

⑥ 蒸锅加水置火上，大火烧开后，将包子生坯入蒸笼蒸 7 分钟，汁多鲜嫩的灌汤包就做好了。

👨‍🍳 制作关键

如果要自己熬煮肉皮冻，最好提前一天把肉皮冻熬好。对新手来说，肉皮冻熬的时间最好长一点，以超过 2 个小时为宜。如果熬的时间不够长，在包制的时候肉皮冻会化掉，增加包制的难度。

④ 苏州三角团

难度：★★☆

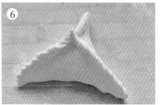

主料

糯米粉 115 克，粘米粉 20 克，玉米淀粉 10 克，开水 130 毫升

调料

红豆沙馅 120 克

制作方法

① 把面团材料中的粉类放入盆中混合均匀，边搅拌边倒入开水，成为雪花状。凉至不烫手时，和成面团。

② 把面团放到案板上，搓条分割成剂子。

③ 面剂子分别搓圆，豆沙馅也搓条分割成小剂子搓圆。

④ 取一个面剂子按扁，擀成皮，中间放入一个豆沙球。

⑤ 两手协作把面皮边从三个点向上提起，使形成的三个边等长，顶点捏紧包住豆沙馅。

⑥ 把三个边分别捏紧。用手在三个边上捏出麻绳花边。

⑦ 把做好的生坯放到刷过油的箅子上。

⑧ 放入已经烧开的蒸锅，大火蒸 4～5 分钟即可。

制作关键

① 调制三角团面团时，一定要用滚开的水，以增加面团的韧性。

② 捏制麻绳花边的时候，手指可以粘些糯米粉防粘。

难度：★ ☆ ☆

⑤ 上海阳春面

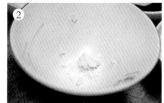

🌾 主料

细圆面条1把，老鸡1只

🧂 调料

胡椒粉1克，香葱（绑结）10根，姜5片，盐1克，猪油10克，生抽15毫升，老抽10毫升，香葱（切葱花）适量

✏️ 制作方法

① 将老鸡放入锅内，再放入姜片、香葱结，加冷水煮开，撇掉浮沫，继续小火煮1个小时，即成鸡高汤。

② 准备一个阔口的面碗，在碗底放上猪油、盐、胡椒粉。

③ 放生抽和老抽。

④ 烧开水，放入面条煮熟。

⑤ 碗中舀入鸡高汤。水再沸时用筷子挑起面条，尽量举高，把面的底端先放入碗中，顺势将面折上几折。

⑥ 撒上葱花即可。

👨‍🍳 制作关键

猪油是上海阳春面的点睛之笔，一定要放。

⑥ 麻辣凉面
 难度：★ ☆ ☆

🌿 主料
面条 1 把，黄瓜半根，芝麻 10 克

🧂 调料
白醋 20 克，芝麻酱 20 克，白糖 20 克，姜 粉 10 克，花椒粉 10 克，芥末 10 克，酱油 10 克，胡椒粉 10 克，花生油适量

🥄 制作方法

① 黄瓜切成细丝，芝麻用平底锅炒香。将芝麻酱、白糖、少许白醋混合，放入姜粉、花椒粉，静置一会儿，再放入芥末、酱油、胡椒粉、剩余白醋，搅拌均匀，最后加入炒好的芝麻，调成味汁。
② 用开水将面条煮至七成熟，捞出。
③ 面条过凉水。花生油烧热后放凉。面条中淋入熟花生油搅拌均匀，抖散。将面条用电风扇吹半小时，至完全凉透。
④ 将凉面盛入盘中，加入步骤①中制作好的凉面味汁和黄瓜丝，搅拌均匀即可食用。

⑦ 重庆酸辣粉
难度：★ ★ ☆

🌿 主料
红薯粉条 150 克，干黄豆、花生各 15 克，芽菜末 10 克，油豆泡 4 个，绿叶蔬菜 2 棵，五花肉末 50 克

🧂 调料
花椒 8 粒，特细辣椒面 30 克，姜蓉、蒜蓉各 3 克，猪骨高汤 1 杯，酱油、香醋、生抽各 15 毫升，盐、熟白芝麻、花椒粉、白胡椒粉各 1 克，芝麻酱、水芹叶、香菜碎、香葱碎各 5 克，香油 5 毫升，花生油适量

🥄 制作方法

① 干黄豆用冷水浸泡 3 小时。红薯粉条用温水浸泡 20 分钟。
② 锅入花生油烧温，放入干黄豆小火炸至酥脆，捞出，沥净油。放入花生小火炸至酥脆，捞出，沥净油，去皮、碾碎，备用。再将五花肉末放入锅中炒熟，盛出。
③ 将特细辣椒面放入碗内，加入花椒粒。锅入花生油烧热，趁热将油倒入碗内，待气泡消失后，加入生抽、芝麻酱、香油，调匀即成特制辣椒油。
④ 锅入水烧开，将泡软的红薯粉条放入锅中烫熟，捞出，沥干。再放入绿叶蔬菜焯熟，捞出，沥干。碗内先放 1/3 杯高汤，将除高汤外的剩余其他所有调料放入碗内调匀，放入红薯粉条、酥黄豆、酥花生碎、绿叶蔬菜、油豆泡、芽菜末、五花肉末，最后把剩余的高汤烧热倒入碗内即可。

⑧ 武汉热干面

难度：★ ☆ ☆

🌾 主料
碱水面 150 克，熟牛肉适量

🧂 调料
生抽 15 毫升，香葱 5 克，卤汁、辣椒油、白胡椒粉、五香粉、盐、芝麻酱、花生油各适量

🍥 配料
辣萝卜 10 克，酸豆角 10 克

🖊 制作方法
① 辣萝卜切丁，酸豆角切小段，熟牛肉切片，香葱切成葱花，备用。
② 锅中烧水至沸腾，将碱水面抖散后下锅煮，煮至大约八成熟时捞出，沥水。
③ 捞出的面条放入大盘中，倒入花生油。
④ 用筷子搅匀并快速抖散面条。
⑤ 等面条凉了以后，再放入锅里涮约 20 秒，捞出，沥干后盛入碗中。
⑥ 生抽加水调成酱油汁。面中放入酱油汁、卤汁、辣椒油、白胡椒粉、五香粉、盐、芝麻酱。
⑦ 放入牛肉片、辣萝卜丁、酸豆角段、葱花，搅拌均匀即可开吃。

👨‍🍳 制作关键
① 第二次煮面涮一下即可，不要煮太久。
② 调料可根据个人喜好调整。

⑨ 云南鹅油过桥米线

难度：★★☆

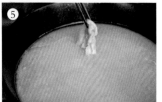

🌿 主料

云南过桥米线 150 克，鹌鹑蛋 2 个，鱼片50 克，里脊片 50 克，鸡片 50 克，火腿100 克，豆腐皮 30 克，豆芽菜 10 根，食用菊花 1 朵，草芽 50 克，胡萝卜 1 小根，木耳 3 朵，韭菜 3 根，豌豆苗适量，榨菜10 克，玉兰片 3 片

🧂 调料

高汤 1000 毫升，鹅油 30 克，香菜 1 根，香葱 20 克，手打的虾粉 5 克，胡椒粉 2 克，枸杞 6 颗

✏️ 制作方法 •

① 将高汤文火慢熬。

② 火腿切片。香菜、香葱洗净，切碎。豆腐皮、豌豆苗、豆芽菜、菊花洗净。胡萝卜洗净，切片。韭菜洗净，切段。

③ 汤碗要提前加热至烫手，在碗底放虾粉和胡椒粉，倒入滚烫的鹅油，冲入高汤。

④ 将鹌鹑蛋打入碗中搅匀，给生肉片挂浆。

⑤ 将各种肉片依次放入热汤碗中。

⑥ 加入米线。

⑦ 先放入豆腐皮、豆芽菜、玉兰片、草芽、胡萝卜片、木耳、韭菜段、榨菜、枸杞，再放入香菜碎、葱花、豌豆苗。

⑧ 将菊花花瓣撒在汤面上即可上桌。

⑩ 广东肠粉

难度：★ ★ ☆

🥩 主料

拉肠粉 2 杯，澄面 1 杯，清水 5 杯，芦笋 6 根，牛肉丁适量，洋葱适量

🧂 调料

生抽 15 毫升，鱼露 15 毫升，蚝油 2.5 毫升，冰糖 5 克，老抽 2.5 毫升，姜末、香葱末、新会陈皮、花生油各适量

🥄 制作方法 •

① 洋葱切丁。将生抽、鱼露、蚝油、冰糖、老抽、姜末、部分香葱末、洋葱丁、新会陈皮混合在一起，搅拌均匀，制作成酱汁。

② 芦笋切段。将拉肠粉、澄面和清水混合在一起，搅拌均匀。

③ 在蒸盘上刷一层薄薄的花生油。

④ 倒入肠粉面糊，撒入牛肉丁、剩余香葱末，开大火蒸熟。在蒸肠粉的同时，另起一锅烧开水，加入芦笋段，煮熟之后捞出，备用。

⑤ 肠粉蒸熟之后卷起来，切段，放入盘中，浇入调好的酱汁，配上芦笋段即可。

⑪ 台式炒饼

难度：★ ★ ☆

🌿 主料

葱油饼坯 2 小张，猪瘦肉 100 克，黄豆芽 100 克，韭黄 100 克，胡萝卜 150 克，香葱 2 根

🧂 调料

生抽 2.5 克，料酒 7.5 毫升，玉米淀粉 5 克，蚝油 7.5 毫升，盐 1.25 克，白糖 5 克，植物油 7.5 毫升

🍳 制作方法

① 将葱油饼煎至两面都呈金黄色，盛出。

② 猪瘦肉切细丝，加生抽、料酒、玉米淀粉抓匀，再拌入 10 毫升植物油，腌制 10 分钟。

③ 将黄豆芽切去根，韭黄、香葱切段，胡萝卜切细条，葱油饼切粗丝。

④ 炒锅下剩下的植物油，放入胡萝卜、香葱炒至变软。加入黄豆芽，调入蚝油、白糖和盐。

⑤ 中火炒至豆芽变软，加入肉丝，用筷子迅速搅开。

⑥ 炒至肉丝变白色后加入韭黄，用大火将水分炒干。

⑦ 最后加入葱油饼丝。

⑧ 大火快速翻炒匀即可出锅。

🍲 制作关键

① 黄豆芽遇盐后很容易出水，所以炒的时候不需要加水，只要用中火慢慢炒至变软即可。

② 韭黄很容易熟，下锅后快速翻炒几下就可以下饼丝了。下饼丝前锅里的水分要基本收干，如果还剩太多就需要将汁滗出。饼吸收的水分太多就容易变得软塌塌的，不好吃。

⑫ 台湾红烧牛肉面

 难度：★ ★ ★

🌶 主料

● 牛骨高汤

牛棒骨 1 根（约 1500 克）

● 红烧牛肉

牛腩肉 1500 克，中等大小洋葱 1 个

● 牛肉面

拉面适量，青菜适量，酸菜适量

🧂 调料

● 牛骨高汤

料酒 15 毫升，大葱（切段）1 根，姜 5 片，香葱（绑结）2 根

● 红烧牛肉

蒜 8 瓣，大葱 1 根，姜 4 ~ 5 片，新鲜红辣椒 5 ~ 8 个，八角 3 颗，红油豆瓣酱 30 克，小卤药包（桂皮、陈皮、小茴香、南姜、八角、香叶）1 包，生抽 20 毫升，老抽 15 ~ 20 毫升，花雕酒 30 毫升，白胡椒粉 3 克，冰糖 25 克，花生油适量

● 牛肉面

盐适量，白胡椒粉 3 克，蒜蓉辣酱适量

📹 牛骨高汤制作方法 •

① 牛棒骨洗净，放入锅中，注入冷水，加入料酒、香葱结、3 片姜，用中火煮开，再继续煮约 5 分钟。

② 牛棒骨里的血水都煮出来后，取出牛棒骨，冲洗干净。

③ 取一口深锅，放入牛棒骨，加入大葱段、剩余姜片，加 12 碗水。

④ 大火烧开后转小火，不要盖锅盖，炖 3 小时至汤剩一半的量即可。

📹 牛肉面制作方法 •

① 锅内烧开水，放入拉面，中火开盖煮，中途加 3 次冷水，每次半碗，将面条煮熟。

② 碗内注入半碗牛骨高汤，加白胡椒粉、盐，捞入面条，放上红烧牛肉，浇入半碗炖牛肉的汤汁，配上烫熟的青菜、酸菜，加少许蒜蓉辣酱即可食用。

📹 红烧牛肉制作方法 •

① 牛腩肉切成 5 厘米见方的块，洗净（中途换 3 次水），捞出，控干水。

② 将红辣椒切开一道口，洋葱切条，蒜去皮，大葱切段，备用。

③ 炒锅内倒入花生油烧热，加入蒜、大葱段、姜片、红辣椒、八角，小火煸炒。

④ 煸炒至蒜和大葱段表面变得微黄，加入红油豆瓣酱，炒出香味。

⑤ 将炒好的香辛料和小卤药包一起放入纱布袋内，扎紧口，备用。

⑥ 炒锅洗净，重新放入花生油，小火烧热，加入洋葱条炒出香味。

⑦ 加入牛腩块，用中火炒 1 分钟，炒至肉块表面变色。

⑧ 放入纱布袋，淋入花雕酒，加入生抽、老抽。

⑨ 加入清水和白胡椒粉，水面要高过肉块 2 厘米，大火烧开后盖上锅盖，转小火焖煮 90 分钟。

⑩ 煮至筷子可以扎入肉块时，加入冰糖，盖上锅盖，小火焖煮约 30 分钟，至肉质变软即可。

👨‍🍳 制作关键 •

牛肉不要炖得太烂，否则会失去嚼头。

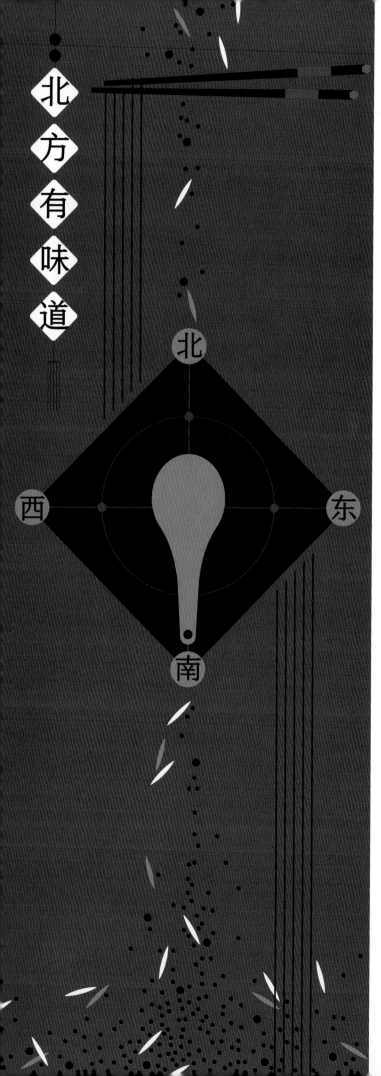

北方有味道

北

西 东

南

⑬ 老北京窝窝头  难度：★ ☆ ☆

🌿 主料

玉米面 200 克，黄豆面 200 克，蜜豆 1 碗，黄豆适量

✏️ 制作方法 ·

① 黄豆泡一晚，打成豆浆，豆渣不要丢弃，留着备用。

② 将玉米面、黄豆面、豆渣、蜜豆混合，加入适量豆浆揉成团。

③ 面团无须醒发，取一小块面团放左手虎口处，用拇指顶住面团中间，不停地转动面团。

④ 将小面团团成中空的锥形。如此做好所有窝窝头生坯，上笼屉蒸 40 分钟即可。

👨‍🍳 制作关键 ·

窝窝头生坯厚度应一致，这样容易蒸熟。

14 老北京炸酱面

难度：★★☆

主料

手擀面 500 克，五花肉 400 克，黄瓜 1 根，心里美萝卜 100 克，豆芽 100 克

调料

八角 3 颗，姜 60 克，大葱 250 克，干黄酱 250 克，清水 250 毫升，甜面酱 100 克，花生油适量

制作方法

① 干黄酱加清水澥开，加入甜面酱混合均匀。

② 五花肉去皮，切丁。姜去皮，洗净，切末。大葱切成葱花。黄瓜切丝。心里美萝卜切丝。豆芽洗净。

③ 锅内放花生油，放入八角、姜末煸香，再放入肉丁煸炒，捞出八角，小火将肉丁煸出油。

④ 放入一半葱花炒香。

⑤ 加入步骤①中调好的黄酱甜面酱，开锅后小火慢炖 30 分钟。放入剩下的一半葱花，炖出香味后关火，盛出。

⑥ 锅内放水煮开，将黄瓜丝、萝卜丝、豆芽焯水后捞出。

⑦ 将面条下入锅内煮熟，直接挑到碗里。

⑧ 面中放入各种蔬菜和酱，搅匀即可食用。

⑮ 京味鸡肉卷

难度：★★★

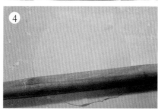

🌿 主料

● 饼皮

中筋面粉 70 克，土豆淀粉 30 克，温水 50 毫升

● 内卷馅料

鸡腿 2 个，胡萝卜 100 克，黄瓜 200 克，大葱白 1 段，嫩生菜叶 5 片

🧂 调料

料酒、生抽各 15 毫升，甜面酱 30 克，蜂蜜、花生油各 5 毫升

🖊 制作方法

① 鸡腿去骨取肉，用料酒、生抽腌制 20 分钟。

② 腌鸡肉的时候将中筋面粉、土豆淀粉放入盆中，加入温水混合均匀，用筷子搅拌成雪花状。

③ 将面和成光滑的面团，盖上保鲜膜醒发 20 分钟。

④ 将面团搓成长条，切剂子，将剂子用手按扁，再用擀面杖擀成饼。

⑤ 平底锅烧热，放入擀好的饼，将饼中火烙至表面起泡，翻面再烙至表面起微黄

色的小泡，取出。依次烙好所有面饼。

⑥ 锅入油烧热，放入腌好的鸡肉中火煎至表面呈金黄色，取出放凉，切大块。

⑦ 胡萝卜去皮，洗净，切丝。黄瓜切条。大葱白切丝。生菜叶洗净。将甜面酱放入碗中，倒入蜂蜜混匀，再入锅蒸 2 分钟，取出，备用。

⑧ 将饼铺在盘子中，摆上生菜叶、鸡肉块、胡萝卜丝、黄瓜条、葱白丝，淋一层蒸好的甜面酱，卷起食用即可。

👨‍🍳 制作关键

① 和面时加入土豆淀粉是为了让饼不开裂、不变硬，更柔软。也可以用玉米淀粉。

② 饼可以做得大一些，这样卷菜的时候比较容易，也可以将饼从中间对折起来。

③ 没有鸡肉的话，可以用猪肉代替。

④ 这道菜里的蔬菜都是生吃的，切的时候一定要用水果切板和水果刀。

⑯ **天津煎饼果子**

 难度：★★☆

🌾 **主料**

高筋面粉90克，绿豆面106克，鸡蛋5个，清水288毫升

🧂 **调料**

榨菜（切末）20克，香葱（切葱花）17克，香菜（切段）8克，豆瓣香辣酱39克，甜面酱28克，芝麻14克，薄脆300克，花生油适量

🥢 **制作方法** •

① 高筋面粉和绿豆面混合，加入清水，顺着一个方向搅拌均匀成无颗粒的面糊（共可做5份煎饼果子）。

② 在预热好的平底锅上擦一层薄油，舀一勺面糊（不必过多），使木质煎饼刮板的面与锅垂直，顺着一个方向刮。

③ 煎饼熟了之后翻面，打上一个鸡蛋，用煎饼刮板刮散，摊匀在煎饼上。撒上芝麻，待鸡蛋凝固后再翻面。刷上甜面酱和豆瓣香辣酱。

④ 撒香菜段、榨菜末和葱花，放上薄脆压平。

⑤ 将煎饼四边依次向内折起包好即可。

👨‍🍳 **制作关键** •

① 传统的煎饼果子常用绿豆面，有的杂粮煎饼还会加入小米面。

② 面糊应调到将其挑起时是可以流动的状态，切记不能太稀。在面糊中加碱或者盐，都会增加其延展性。

③ 检测平底锅是否预热好，可以滴入一滴面糊，如果它在2秒内凝固就表示温度可以了。也可以用电饼铛。

④ 煎饼中还可以随个人口味放生菜、辣条、海带丝、火腿肠等。

⑰ 猪肉糯米烧卖

 难度：★ ★ ☆

🌿 主料

猪肉馅 200 克，圆粒糯米 80 克，高筋面粉 180 克，清水 75 毫升，胡萝卜片适量

🧂 调料

A：盐 2.5 克，白糖 2.5 克，酱油 5 毫升，料酒 5 毫升，胡椒粉 1.5 克，葱末、姜末各适量

B：盐 2.5 克，香油 15 毫升，酱油 15 毫升

⚖ 配料

豌豆粒适量，香菜叶适量

🔧 制作方法 ·

① 糯米用清水浸泡 4 小时，控干水，放在蒸锅中打湿的屉布上蒸熟，制成糯米饭，备用。

② 猪肉馅加入调料 A 调匀，搅打至上劲。

③ 肉馅中放入糯米饭，加调料 B 拌匀，成烧卖馅。

④ 高筋面粉中加入 15 毫升清水，搅拌成雪花状，再揉成团，盖湿布醒 10 分钟。

⑤ 把面团用压面机压成厚度约为 1 毫米的面片。饺子模具上覆盖面皮，用擀面杖在凸起处擀压，制成若干锯齿边的小面皮。

⑥ 撕去多余的面皮，即成烧卖皮。

⑦ 取一个烧卖皮，平铺在手中，中间放入馅料，把烧卖皮四个角都捏出一个褶。

⑧ 再在烧卖皮每条边的中间捏一个褶。

⑨ 把烧卖皮放置于虎口处，微微用力收紧（但不要捏合），整形即可。

⑩ 蒸锅烧开，蒸箅上放入胡萝卜片，在每个胡萝卜片上都放上一个烧卖生坯，再在每个烧卖生坯上点缀一颗豌豆粒，加盖大火再次烧开，转中火蒸 5 分钟即可。取出烧卖摆盘，在盘中装饰香菜叶即成。

⑱ 胶东鲅鱼饺子

 难度：★★☆

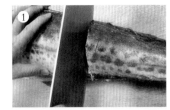

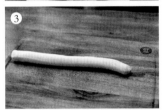

🌿 主料

面粉 500 克，温水 225 毫升，鲅鱼 1 条，肥猪肉 100 克，韭黄 1 把，马蹄 100 克

🧂 调料

盐、大葱、姜、蒜、花椒、十三香、鸡汤、酱油各适量

✒️ 制作方法

① 鲅鱼剔肉，去骨，去刺。肥猪肉切丁。韭黄择好，洗净，凉干。韭黄和马蹄都切碎。葱、姜切碎，泡成葱姜水。花椒也泡水。

② 把鲅鱼肉和肥肉丁搅拌在一起，打成泥，加入十三香、酱油，然后把葱姜水和鸡汤一点一点慢慢打入肉中（要一点点加入，边加边搅拌）。倒入适量的花椒水，

最后加韭黄碎和马蹄碎，再加入适量盐，搅拌均匀即成鲅鱼馅料。

③ 面粉加温水和成团，放在一边静置。面团醒发后，稍微揉一下，揉光滑，中间掏一个洞拉成环形，掐断后搓成长条状。

④ 揪出面剂子，压扁。

⑤ 将面剂子擀圆（要擀得中间厚，边缘薄）。鲅鱼馅料放入面皮中间，捏成饺子。锅内水开后，放入饺子煮熟，即可食用。

👨‍🍳 制作关键

用葱姜水和花椒水打馅，鲜美多汁，不膻不腥。

19 山西刀削面

 难度：★ ★ ☆

🌾 主料

高筋面粉 500 克，五花肉 300 克，清水 200 毫升

🧂 调料

调料包（丁香、当归、山奈、甘草、白芷、陈皮、肉桂、草果、肉蔻、草豆蔻、党参）1 包，盐 10 克，酱油、醋、辣椒各适量

🥄 制作方法

① 五花肉洗净，切成大块，冷水下锅，水烧开后，捞出五花肉。另起一锅，锅内放入五花肉、调料包、酱油、水，开锅后小火炖 10 分钟至肉软烂。

② 高筋面粉里加盐，混匀，少量多次加入清水，揉成长方体面团。

③ 锅内水烧开后，左手托住揉好的面团，右手持刀削面（手腕要灵，出力要平，

用力要匀，对着汤锅，一刀赶一刀），使削出的每个面叶的长度恰好都是 20 厘米。

④ 面叶落入汤锅，汤滚面翻，煮 1~2 分钟，熟后捞出。在面上浇上炖好的五花肉，根据口味加酱油、醋、辣椒等调料拌匀即可食用。

👨‍🍳 制作关键 •

① 刀削面的浇头可以根据喜好调整，如加入番茄、香菇、肉丝、茄丁、葱油等。

② 揉面团时，面和水的比例约为 5：2，面要和得很硬才好削。面要揉到面光、盆光、手光。

③ 削面一般不使用菜刀，要用特制的弧形削刀。削刀有一款小型家用的，带一个把，新手用它，很容易削出顺滑的面叶。

④ 长方体面团越长，削出的面叶就越长。

② 关中臊子面

难度：★ ★ ☆

🌿 **主料**

手擀面 200 克，五花肉 200 克，黑木耳 3 大朵，胡萝卜 1/4 根，韭菜 5 根，南豆腐 2 块，金针菜 15 根

🧂 **调料**

陈醋 15 毫升，生抽 23 毫升，老抽 10 毫升，辣椒面 10 克，盐适量，白胡椒粉 1 克，香油 5 毫升，姜 10 克，大葱 1 小段，蒜 2 瓣，花椒 10 粒，高汤（或清水）1000 毫升，花生油适量

📝 **制作方法**

① 将金针菜、黑木耳分别用冷水浸泡 20 分钟，洗净后剪去根蒂，备用。

② 五花肉切成小丁，胡萝卜、南豆腐切成小方块，金针菜、黑木耳切碎，韭菜切小段，姜、葱、蒜分别剁成末，备用。

③ 炒锅烧热，放入少许花生油，放入五花肉丁，小火煸干，加入姜末、葱末、蒜末及花椒炒香，将肉丁煸出油脂。

④ 加入陈醋，小火煮约 2 分钟。加入生抽、老抽、辣椒面，继续用小火煮 2 分钟。加入小半碗水，继续用小火煮 10 分钟。

⑤ 加入胡萝卜块、豆腐块、金针菜碎、黑木耳碎翻炒均匀，继续用小火煮 10 分钟。加入高汤（或清水），调入盐、白胡椒粉。

⑥ 盖上锅盖，大火煮开，转小火煮 3 分钟后加入韭菜段，淋入香油即成肉臊汤。

⑦ 锅内烧开水，放入少许盐及花生油，加入手擀面煮至水开，再加一次冷水，煮至面条八成熟。

⑧ 将面条捞起，放入大碗内，倒入肉臊汤即成。

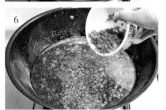

👨‍🍳 **制作关键**

① 要想做出好吃的臊子面，除了肉臊汤要做得好，面条的品种也要选对，一定要选筋道的手擀面。煮面条的时间不要太长，否则面条口感软烂，就不好吃了。

② 臊子面的面和汤的比例是四分面、六分汤。另外，因为面条还会继续吸收水分，所以要现吃现盛。

③ 辣椒面要用特细的，用粗辣椒面会使口感不好。不喜欢吃醋及辣椒的人完全可以不放这些，一样很好吃。

㉑ 陕西肉夹馍

🌿 主料

● 腊汁肉

五花肉 500 克

● 馍原料

中筋面粉 200 克，冷水（或温水）100 克，酵母粉 4 克

🧂 调料

● 腊汁肉调料

A：干红辣椒 8 个，草果 1 个，肉蔻 2 个，八角 2 个，桂皮 1 块，香叶 3 片，花椒 15 颗，良姜 1 块，小茴香 1 小把

B：生抽 30 毫升，老抽 30 毫升，盐 1 克，冰糖 10 克，米酒 45 毫升

C：大葱（切段）1 根，姜 5 片

D：花生油、水、大骨高汤（或清水）各适量（可选），香菜适量

● 馍调料

花生油 5 毫升，泡打粉 1 克

✏️ 腊汁肉制作方法

① 将五花肉洗净，切成大块，用冷水浸泡30 分钟去血水。

② 炒锅烧热，放入少许花生油，冷油放入调料 A，小火炒出香味后盛出，制成卤料包，备用。

③ 将锅内剩下的油烧热，放入调料 C 及猪肉块，小火煸炒至肉块变干、表面微黄。

④ 加入大骨高汤，汤面要高出肉块 3 厘米。

⑤ 加入调料 B 及卤料包，大火烧开后转小火，盖上锅盖焖制。

⑥ 焖约半小时后用大勺将表面的浮沫撇去，继续加盖，用小火焖制 60 分钟。

⑦ 焖至筷子可以插入肉块、汤汁剩下少量时关火，将煮好的肉块浸在肉汁里过夜，第二天再次加热后将肉块撕成小块。

肉夹馍制作方法 •⋯⋯⋯⋯⋯⋯⋯⋯⋯⋯

① 将酵母粉放入冷水（冬季要用40℃的温水）中浸泡5分钟至完全溶化。

② 将面粉及泡打粉在盆内混合均匀，加入酵母水及花生油混合均匀。

③ 用筷子迅速将面粉和水搅成雪花状，用手揉成面团。将面团移到案板上，反复搓揉至表面光滑。

④ 将面团放入盆内，盖上保鲜膜，在30℃下发酵50～60分钟。

⑤ 将面团发酵膨胀至两倍大、内部充满气孔。

⑥ 发酵的将面团反复搓揉至面团表面变得非常光滑。将面团搓成长条状，再揪成剂子，将剂子整理成圆形面团，再搓成小的长条形。

⑦ 用擀面杖将小面团擀扁，由上向下卷成柱状。

⑧ 用手掌按扁面团，用擀面杖将其擀成5毫米厚的圆饼，盖上保鲜膜，静置发酵20分钟。

⑨ 将平底锅烧热，放入圆饼，盖锅盖，小火焖2分钟，翻面，继续加盖焖，2分钟后再开盖烙1分钟，取出。

⑩ 将隔夜的腊汁肉用菜刀切成粗颗粒状，取少许香菜剁碎。

⑪ 将肉碎及香菜碎放入碗内，加入2小勺腊汁肉汤汁拌匀。

⑫ 将烙好的馍由中间切开。

⑬ 向馍中填入腊汁肉即可。

 制作关键 •⋯⋯⋯⋯⋯⋯⋯⋯⋯⋯

① 腊汁肉不需要煮得太软烂，过于软烂的话，吃起来没有嚼头。

② 填入馍中的肉不要剁得太细、太松散，剁好的肉一定要拌上一些肉汁才好吃，这一步不要忘记。

③ 香菜可加可不加。

④ 和面的时候尽量多揉一会儿，面起筋后，口感会更好。

⑤ 不要把馍擀得太薄，不然烙的时候发不起来。

⑥ 烙馍的时候要用小火，不用担心馍会不熟，因为要盖上锅盖焖制。

⑦ 刚烙好的馍会有些软，放凉后表面就变得脆硬了。

㉒ 兰州拉面

🌿 主料

塞北雪面粉 500 克，蓬灰水 16 毫升，冷水 100 毫升，牛肉 500 克，牛腿骨 1 根，萝卜适量

🧂 调料

盐适量，炖肉料包 1 袋，牛油 1 碗，香菜（切段）1 根，香葱（切葱花）1 根

✏️ 制作方法

① 将牛肉分割成大块，清洗干净，浸泡 5 分钟后捞至锅内（锅内先放上牛腿骨防粘），加入适量水煮开，将表面的血沫打尽，加入盐、炖肉料包、牛油，加盖煮约 3 个小时。肉熟后关火闷 20 分钟，再开火煮至沸腾。将肉捞出，自然冷却 3~4 小时，然后放至冰箱冷藏。肉汤备用。萝卜洗净，切片，焯水，备用。

② 面粉放入盆中，分次加入冷水揉成团，再分次加入蓬灰水，揉成光滑、软硬适中、不粘手的面团。面团涂油，放在一边静置。

③ 将面团拉成细条状。拉好的面条放入锅内煮熟，盛入碗中。

④ 给拉面浇上热的肉汤。

⑤ 将牛肉块切成小片，向拉面中依次放入牛肉片、萝卜片、香菜段、葱花即可。

23 新疆手抓饭

主料

羊腿肉 150 克,胡萝卜、土豆各 50 克,洋葱 30 克,熟米饭 2 碗

调料

盐、白胡椒粉各 2 克,香葱 5 克,花生油 15 毫升

制作方法

① 羊腿肉切块。胡萝卜、土豆、洋葱分别去皮,洗净,切丁。香葱切碎。锅入油烧热,放入羊肉块煸炒至变色。

② 放入胡萝卜丁、土豆丁、洋葱丁。

③ 小火不停翻炒至食材熟透。

④ 放入熟米饭,翻炒均匀。

⑤ 锅内倒入 45 毫升清水,调入盐、白胡椒粉。

⑥ 炒至水收干,撒上香葱碎即可出锅。

制作关键

① 胡萝卜、土豆切丁的时候尽量切小一些,这样熟得较快。

② 米饭不要煮得太软,炒饭时也不用加太多水,以免米饭太湿软,影响口感。

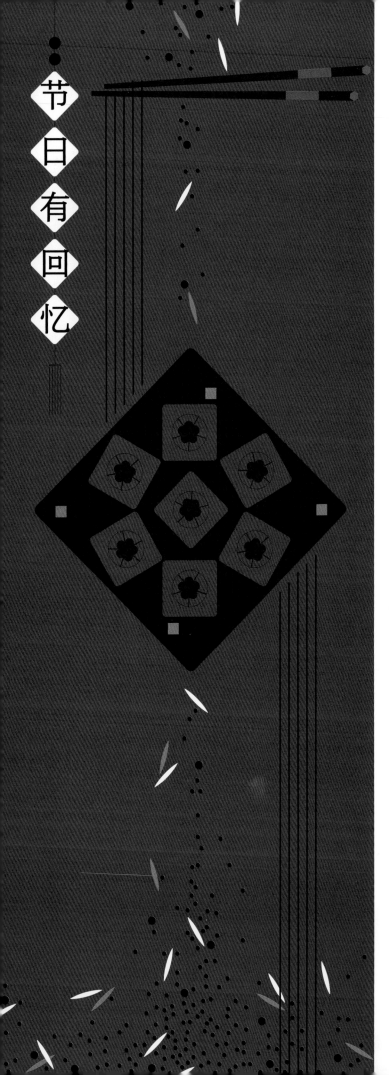

(24) 青团　　　　难度：★ ☆ ☆

🌿 **主料**
青团预拌粉 200 克，清水 180 毫升，豆沙馅 200 克

🧂 **调料**
色拉油 20 克

🥖 **制作方法** ·····

 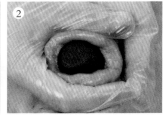

① 青团预拌粉中加入清水、色拉油，搅拌均匀，倒入碟子中，放入蒸笼蒸 15 分钟。将蒸好的面团揉顺滑，然后分成每个 30 克的剂子，压成圆饼状。

② 豆沙馅分成每个 20 克的剂子，团成球，依次用青团皮包紧馅料。青团包好后放入冰箱冷藏保存。

👨‍🍳 **制作关键** ·····

① 蒸好的面团需要揉顺滑，口感会筋道。

② 如果喜欢吃热的，可以上蒸笼热透后再吃。

㉕ 果脯花生粽子

🔊 难度：★★☆

🌿 主料

糯米 500 克，花生米 100 克，北京果脯 100 克，鲜芦苇叶适量

🖊 制作方法 •

① 糯米洗净浸泡 4 小时以上，花生米浸泡至充分涨发。果脯清净，放入碗中。

② 鲜芦苇叶入开水锅烫软，用剪刀把苇叶顶部硬的部分剪掉，取两片剪好的苇叶，并排捏在手中。

③ 把苇叶弯折成漏斗形，先放入少许糯米，再放入果脯，盖一层糯米，再放几粒花生米。

④ 最后用糯米填满。用左手的虎口把苇叶握出一个角。

⑤ 弯折多余的苇叶，覆盖住"漏斗"口。用手捏紧粽子。

⑥ 用线绳捆扎结实，一个粽子就包好了。依次把所有粽子包好。

⑦ 包好的粽子放入大锅内，加足量的水。

⑧ 用箅子压住粽子，箅子上压一个装满水的大碗，大火烧开，转小火煮 2 小时，再关火闷 1 小时。

👨‍🍳 制作关键 •

① 果脯洗净即可使用，无须浸泡，以免香甜味道流失。

② 煮好的粽子不要立即取出，再继续闷制 1 小时会更加软糯。

26 排骨蛋黄粽子

主料

长粒糯米 1000 克，猪小肋排骨 500 克，咸蛋黄 20 个，鲜芦苇叶适量

调料

姜片 10 克，大葱片 30 克，花椒 2 克，小茴香籽 1 克，盐 10 克，料酒 15 毫升，酱油 45 毫升，白糖 10 克，胡椒粉 4 克，玫瑰腐乳 1 块，花生油 15 毫升，白酒 5 毫升

制作方法

① 长粒糯米清水浸泡 4 小时。猪小肋排骨剁成 2 ~ 3 厘米长的段，洗净。
② 花椒和小茴香籽放入热油锅中爆香，放凉以后擀成碎末。
③ 玫瑰腐乳用勺子碾碎。排骨加大葱片、姜片、玫瑰腐乳、盐（5 克）、白糖（5 克）、胡椒粉（2.5 克）、料酒、酱油（30

毫升）。用手抓匀，用保鲜膜封好，放入冰箱腌制 4 小时。
④ 咸蛋黄表面洒白酒，用保鲜膜裹紧，放置 10 分钟。
⑤ 浸泡好的糯米沥干水，加剩下的酱油、盐、白糖、胡椒粉，加入熟花生油拌匀。
⑥ 鲜芦苇叶开水烫至变色，过凉后用剪子把苇叶顶部硬的部分剪掉。取三片苇叶向里卷，折成漏斗形，放入少许糯米。
⑦ 再分别放入 1 个咸蛋黄和 1 块排骨。剩余空间用糯米填满。
⑧ 把多余的苇叶折叠，包裹成粽子生坯，用线绳扎紧。
⑨ 依次把所有粽子包好，放入大锅内，加入足量清水。
⑩ 用箅子压住粽子，再压一个装满水的大碗，加盖大火烧开，转小火煮 3 小时，关火闷 1 小时即可。

27 麻薯肉松蛋黄酥

难度：★★☆

主料

中筋面粉 250 克，猪油 100 克，清水 245 毫升，蜜红豆 300 克，无盐黄油 70 克，蛋黄液适量，黑芝麻适量，咸蛋黄 12 个，麻薯适量（可省略）

调料

无盐黄油 80 克，糖粉 32 克，全蛋液 18 克，高筋面粉 18 克，奶粉 22 克，低筋面粉 95 克

制作方法

① 制作酥皮面团：无盐黄油加入糖粉中，用电动打蛋器打匀。将全蛋液分 3 次加入，搅拌均匀。筛入低筋面粉和高筋面粉，搅拌均匀。加入奶粉，搅拌成团，即为酥皮面团。

② 蜜红豆加入 200 毫升清水，用料理机打成红豆泥。

③ 将红豆泥倒入平底锅中，小火加热，翻炒至水分蒸发。

④ 加入无盐黄油，继续小火翻炒（此时红豆泥会变稀）。

⑤ 翻炒至水分蒸发、黏合成团即成红豆馅。

⑥ 红豆馅放凉后分成每个 25 克的剂子，每个剂子加入 1 个咸蛋黄，捏成圆球。

⑦ 取一个静置好的酥皮面团，用擀面杖擀成中间厚、四边薄的圆形面片，中间放麻薯和红豆馅。

⑧ 将红豆馅慢慢包起，将收口捏紧。

⑨ 包好的面团收口朝下放在烤盘上，静置 15 分钟后刷一层蛋黄液。

⑩ 将烤盘放入预热好的烤箱中层，上下火 165℃烤 15 分钟，取出，给蛋黄酥再刷一层蛋黄液，撒上黑芝麻，放回烤箱再烤 15 分钟，至表面金黄、酥皮完全鼓起来，就可以出炉了。

制作关键

① 制作酥皮时无盐黄油和糖粉不用充分打发，打匀即可

② 红豆馅使用了现成的蜜红豆，制作更加方便。红豆馅中加入的无盐黄油可以用植物油代替。

③ 最后包馅的时候注意，动作要轻柔，慢慢地收口，以免弄破酥皮。收口处不能沾任何的油分或馅料，否则收口不紧容易破口露馅。

28 燕窝紫薯冰皮月饼

 难度：★ ★ ☆

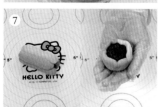
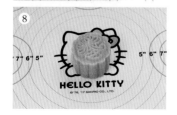

🌿 主料

● 冰皮

冰皮月饼粉 100 克，热水 100 毫升，紫薯粉 2 克，抹茶粉 1.5 克，南瓜粉 3 克，草莓粉 3 克

● 紫薯馅

蒸熟紫薯 250 克，炼乳 10 毫升，牛奶 150 毫升，无盐黄油 20 克

● 椰浆燕窝

轻炖燕窝 9 克，椰浆 20 毫升

🧂 调料

玉米淀粉 4 克，细砂糖 10 克

🥄 制作方法

① 紫薯加牛奶，用料理机打成泥。紫薯泥放入不粘锅里，加入炼乳、无盐黄油，小火翻炒成团。

② 将燕窝隔水炖 20 分钟，过筛，备用。椰浆中加入细砂糖、玉米淀粉，搅拌均匀，再加入燕窝拌匀，倒入不粘锅里小火加热，翻炒 1 ~ 2 分钟至椰浆燕窝液浓稠，取出倒入半圆形模具里，放入冰箱冷冻 1 小时。

③ 冰皮月饼粉加入热水，搅拌成团。冰皮面团平均分成 4 份，分别加入紫薯粉、抹茶粉、南瓜粉、草莓粉，揉成有颜色的面团。

④ 取 2 颗半圆形的椰浆燕窝，拼成一个圆球。将紫薯馅分成每个 20 克的剂子，压扁，把椰浆燕窝球包起来成馅料。

⑤ 将冰皮面团分成每个 25 克的剂子，取一个剂子，用手掌压扁，放 1 个馅料在饼皮上。将饼皮慢慢往上推，直到把馅料包起来，完全收口。

⑥ 在月饼表面撒上熟糯米粉，将其放入月饼模里。将月饼模在硅胶垫上用力按压几下，成型的月饼就出来了。

⑦ 也可以将 4 种颜色的冰皮面团揉成长条，拼在一起。分成每个 25 克的四色剂子，把馅料包起来，压模。

⑧ 做好的冰皮月饼放冰箱冷藏保存。

29 云南火腿月饼

 难度：★★☆

🌿 主料

A：广式月饼粉（或中筋面粉）250 克，糖粉 25 克，蜂蜜 15 毫升，猪油 100 克，泡打粉 2 克，清水 65 毫升

B：低筋面粉 110 克，云南宣威火腿 350 克，白糖 45 克，蜂蜜 90 毫升，糖粉 70 克，猪油 50 克

✏️ 制作方法

① 云南宣威火腿冷水浸泡 30 分钟后蒸熟，切黄豆大的小粒拌入 90 毫升蜂蜜，盖保鲜膜入冰箱冷藏半天。取出后加入白糖、糖粉、50 克猪油，用手抓均匀。将低筋面粉小火炒熟至色泽微黄，制成熟粉。加入之前的云腿馅料中抓匀，即成内馅。

② 拌好的内馅如图①。若室温高于 15℃，需放入冰箱冷藏 30 分钟。将内馅分成每份 25 克的小剂子，用手搓成圆球状备用。夏季需移入冰箱冷藏或冷冻 30 分钟。

③ 将 15 毫升蜂蜜和 25 克糖粉放入打蛋盆中，用橡胶刮刀拌匀成膏状。加入 100 克猪油，继续用橡胶刮刀拌匀。

④ 筛入广式月饼粉和泡打粉的混合粉，用手搓匀成均匀细小的颗粒。分 3 次加入

清水，每次都充分混匀后再加入下一次，用手充分揉匀。

⑤ 做好的面团在案板上轻揉至表面光滑，盖上保鲜膜静置松弛 30 分钟。夏季需入冰箱冷藏。

⑥ 将面团分割成 25 克一份，搓成小圆球状。

⑦ 面团用手按扁，擀成中间厚、边沿薄的圆形饼皮。左手拿饼皮，上面放上一颗内馅。利用左手虎口位置将饼皮收拢，右手轻压内馅，一边转一边将饼皮向上收拢。

⑧ 最后将饼皮收口，整好形后将收口朝下，排放在烤盘上，互相之间要留出空隙。烤盘放入预热好的烤箱中下层，以 180℃ 上下火烤 25～30 分钟，至月饼表皮呈金黄色，等凉至温热后再将月饼取出。

㉚ 传统月饼

 难度：★ ★ ★

主料

● 饼坯

中筋面粉 105 克，转化糖浆 75 毫升，枧水 1.2 毫升，花生油 25 毫升

● 馅料

莲蓉馅 700 克，咸蛋黄 10 个

● 表面刷液

蛋黄 1 个，鸡蛋 1 个

制作方法 ·

● 搅拌面糊

① 中筋面粉过筛备用。转化糖浆里加入枧水，用刮刀搅拌均匀。加入花生油，搅拌均匀。

② 加入中筋面粉，搅拌均匀。取出揉成面团。揉好的面团覆上保鲜膜，放入冰箱冷藏 1 小时。

● 制作馅料

③ 咸蛋黄放入烤箱，用 90℃上下火，中层烤 10 分钟。

④ 莲蓉馅分成 10 份，搓圆，再逐一压扁，每个中间放一颗咸蛋黄。

⑤ 包好咸蛋黄，将莲蓉馅揉成圆形。

● 整形烘烤

⑥ 冷藏好的面团分成 10 份。取一份放在硅胶垫上，擀成直径为 12 厘米的圆形饼皮。

⑦ 把莲蓉馅放在饼皮中间，用两只手把饼皮慢慢往上推，包裹住莲蓉馅。注意不要露馅。

⑧ 包成圆球。在表面均匀拍一点面粉，方便脱模。

⑨ 把圆球面团放进月饼模子（100 克月饼模具），压满压扁。

⑩ 月饼模扣在硅胶垫上，按下手柄压出花纹，然后提起。轻扣手柄，脱模。

⑪ 在月饼表面喷点水，放进预热好的烤箱中层。上下火，200℃，先烤 5 分钟。

● 表面装饰

⑫ 取一个鸡蛋磕入碗中，搅打成鸡蛋液，取 10 毫升鸡蛋液，加入蛋黄搅拌均匀后过筛制成蛋液。入烤箱的月饼坯烤 5 分钟左右，待月饼花纹定型后取出来，在表面刷上蛋液，刷完后置于烤箱中层，上下火，200℃，再烤 15 分钟。

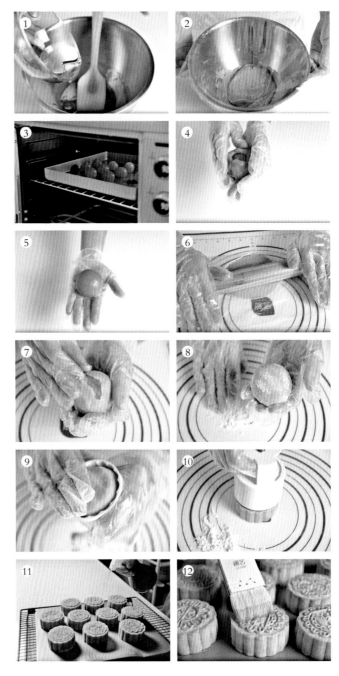

制作关键 ·

① 枧水加多了会让月饼皮变硬、颜色过深，所以要注意枧水的量。

② 饼皮不能太厚，饼皮和馅料的比例应该是 2∶8（喜欢皮薄的可以 1∶9）。如果饼皮太厚，烤的时候容易变形，花纹也不清晰。

③ 刷蛋液时注意不宜过多，否则会让花纹不清晰。刚刚烤出来的月饼，饼皮是非常干硬的。冷却后，再密封放置 3～7 天，饼皮会渐渐变得柔软，表面也会产生一层油润的光泽，这时口感才好。

③ 菠菜鸡蛋咸汤圆

 难度：★ ★ ☆

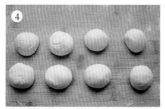

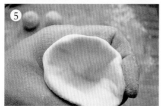

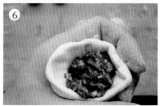

🌿 主料

● 面团
糯米粉 200 克，清水 160 毫升

● 内馅
鸡蛋 1 个，菠菜 200 克

🧂 调料
盐 5 克，白糖 2.5 克，胡椒粉 1 克，香油 5 毫升

🥕 配料
胡萝卜片适量

🥢 制作方法 •

① 菠菜洗净焯水，挤干水分，切末。
② 鸡蛋打散，摊成鸡蛋皮，切成末。
③ 内馅主料的所有调料放入大碗中，拌匀成馅。
④ 糯米粉加水揉成面团，取 1/10 煮熟后与生面团揉匀，搓条，切割成若干等大的面剂子。
⑤ 把剂子搓圆，捏成窝状。
⑥ 包入馅料后收紧口。
⑦ 用手搓圆，制成汤圆生坯。
⑧ 汤圆用胡萝卜片垫底，切一些胡萝卜碎点缀在汤圆顶部，置于蒸箅上放入开水锅中，大火蒸 5 分钟即可。

👨‍🍳 制作关键 •

① 汤圆收口一定要紧，千万不能漏馅。
② 蒸汤圆的时间不宜过长。

㉜ 桂花豆沙藕粉小圆子

🔊 难度: ★★☆

🌿 主料

豆沙馅 80 克，红枣莲子藕粉 80 克，水磨糯米粉 50 克，开水 30 毫升，凉水 510 毫升，温水 60 毫升，核桃仁适量

🧂 调料

白糖 10 克，干桂花适量

✒️ 制作方法

① 水磨糯米粉中倒入 30 毫升开水。

② 再放入 10 毫升凉水搅匀后揉搓成团。

③ 把粉团搓细条，分割成花生米大小的剂子。用手分别搓圆。

④ 锅内加水烧开，放入搓好的小圆子，煮至浮起。

⑤ 捞出后放入白糖拌匀。

⑥ 豆沙馅放入 500 毫升水中。搅拌至豆沙馅完全溶于水中，制成豆沙汤，继续放到炉灶上烧开。

⑦ 红枣莲子藕粉用 60 毫升温水搅匀。立即冲入滚开的豆沙汤。用筷子快速搅拌，直到藕粉变得透明。

⑧ 把冲好的藕粉分盛在小碗中，放入煮好的小圆子，再撒入少许干桂花和切碎的核桃仁即可。

33 雨花石红豆汤圆

 难度：★ ★ ☆

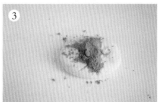

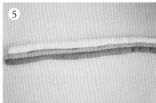

主料

糯米粉 120 克，清水 100 毫升，豆沙馅 160 克

调料

巧克力粉 2.5 克，绿茶粉 2.5 克

制作方法

① 100 毫升水分次加到糯米粉中，拌开，再用手揉匀成糯米团。

② 取 30 克糯米面团，按扁，放入开水锅内煮约 2 分钟至糯米团浮起。

③ 煮熟糯米团与生糯米团一起揉匀后，取 1/4 的糯米团，放入绿茶粉。揉成绿色面团。

④ 另取 1/4 的糯米团，放入巧克力粉，揉成巧克力色面团。

⑤ 将白色、绿色、巧克力色三种面团搓成条，并排放在一起。

⑥ 用手将三色面条一起搓成麻花状，对折，再搓成麻花状，再对折，反复 2~3 次。

⑦ 把混色的面团搓成条。分割成剂子，将剂子用手搓圆制成糯米面皮剂子。

⑧ 将豆沙馅分割成小剂子，搓圆，糯米面皮剂子用手捏成灯盏窝的形状，中间放入豆沙馅。

⑨ 用手把口收严，搓圆，再搓成椭圆形。依次把所有汤圆都做好。

⑩ 锅内放入足量水烧开，逐个下入汤圆，煮至汤圆浮起，再煮 1 分钟后捞出即可。

制作关键

① 生熟糯米面团混合揉匀可以增加面团的韧性，包馅的时候不容易开裂。

② 混色时对折的次数不要过多，以免做好的汤圆花纹太杂乱，反而不美观。

③ 煮汤圆时锅内一定要加足量的水，这样煮好的汤圆外观才会完整漂亮。

③④ 小汽车蛋糕

🔊 难度：★★☆

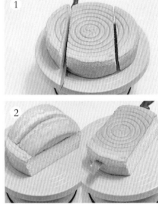

🌿 主料

蛋白4颗（160克），柠檬汁5滴，细砂糖60克；蛋黄4颗（80克），细砂糖20克，蛋糕粉（或低筋面粉）90克，橙汁60毫升，色拉油50克

调料

动物鲜奶油350克，糖粉35克，红、黄、蓝色色素各少许，奥利奥饼干4片，70%黑巧克力15克

✏️ 制作方法

① 提前做好1个8寸戚风蛋糕。动物鲜奶油放入冰箱冷藏8小时以上。戚风蛋糕放凉，如图切开，切的两刀分别在圆形蛋糕半径的1/2处。

② 把侧边的两块蛋糕堆在上面看看，是不是像个小汽车的形状了？将底部的蛋糕从中间横切开。

③ 取250克动物鲜奶油放打蛋盆中，加25克糖粉，用手动打蛋器打至八分发。用抹刀将打发的奶油均匀抹在底部蛋糕片上。盖上另一片蛋糕。

④ 剩余奶油用抹刀涂抹在蛋糕表面。摆上两侧切下来的蛋糕。用抹刀将奶油抹遍

整个蛋糕体。

⑤ 将黑巧克力隔50℃温水熔化，装入裱花袋中，尖端剪个小口，如图画出轮廓。取100克动物鲜奶油放打蛋盆中，加10克糖粉，用手动打蛋器搅打至九分发。盛出少许打发的奶油备用，剩下的加入红色色素搅匀。

⑥ 用两把抹刀托起汽车底部，转移至蛋糕纸托上，粘上奥利奥饼干作为车轮。

⑦ 裱花袋装上SN7075裱花嘴，装入打发的红色奶油，如图在汽车外部挤满花型。

⑧ 再调少许黄色鲜奶油，挤出车窗和车灯。最后调少许蓝色鲜奶油，挤出车牌即可。

👨‍🍳 制作关键

① 做抹面的动物鲜奶油不要打得过硬，只要打到八分发、还有些柔软的状态即可。
② 非常细的线条，可用牙签蘸些黑巧克力酱画。
③ 挤花的时候为了防止手的温度造成奶油软化，可戴上手套操作。

㉟ 父亲节主题蛋糕 🔊 难度：★☆☆

🌾 主料

6 寸抹面蛋糕 1 个，黑巧克力 60 克，淡奶油 20 毫升

🍶 配料

食用金粉适量

🔧 制作方法 •

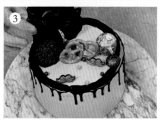

① 撕一张油纸，弄皱后放在烤盘里，上面倒入熔化的巧克力。
② 左右摇动几下，让巧克力流开。将烤盘放入冰箱冷藏 20 分钟，待巧克力变硬后取出，刷一些食用金粉装饰。
③ 取熔化的黑巧克力 20 克，加入淡奶油 20 克，搅拌均匀即成巧克力甘纳许。
④ 将甘纳许装入裱花袋中，在蛋糕边缘淋一圈，插上巧克力配件，放上饼干和巧克力装饰。

👨‍🍳 制作关键 •

① 弄皱的油纸可让巧克力配件有凹凸不同的立体感。还可根据主题颜色，制作不同颜色的巧克力配件。
② 制作巧克力甘纳许时淡奶油需要加热至 30℃后再与熔化的巧克力混合，因为淡奶油温度低，会让巧克力凝固。

㊱ 粉色玫瑰花环蛋糕 🔊 难度：★☆☆

🌾 主料

6 寸抹面蛋糕 1 个，打发好的粉色淡奶油 70 毫升

✖️ 特殊工具

母亲节插牌 1 个

🔧 制作方法 •

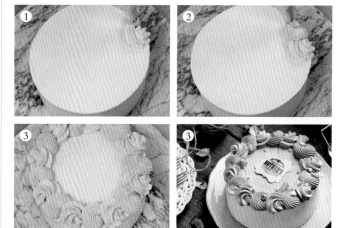

蛋糕抹粉红色抹面，打发好的粉色淡奶油分别装入带有 1M 和 4B 花嘴的裱花袋中，将花嘴垂直于蛋糕顶面，顺时针挤一圈，两种花形交替。在蛋糕顶面挤满一圈，呈现花环效果，中间放母亲节插牌作为装饰。

👨‍🍳 制作关键 •

挤花要用力均匀，注意控制花朵的大小。

贰。

回家吃饭

天天吃不腻的
家常主食

馒头

质朴至纯

发面是指面粉、酵母和水（或其他液体）混合揉成面团后，覆盖静置发酵，酵母菌经过充分繁殖产气，使面团膨胀发起的过程。发面团用途很广，可以制作馒头、包子、花卷及发面饼等各种家常面食。

一般来讲，添加酵母的发面团在室温下（0～30℃）都可以完成发酵过程，温度越高，发酵越快，产气量越大；反之，温度越低，发酵速度越慢。

因酵母属于纯生物发酵剂，比较理想的生长温度范围在27℃～32℃之间（最适温度为28℃），温度太高（>40℃）的话，酵母容易死亡（"烫死"），也容易产生杂菌和酸味。所以，用来和面的液体温度和发酵的环境温度都以不超过30℃（手试一下，不高于手温）为宜。夏季气温高多用冷水搅拌，冬天气温低用温水搅拌。

此处只介绍制面团的方法，水、面粉和酵母的具体配量我们在每个实例的配方中都有具体说明。

面团制作 ·······

① 将酵母和牛奶（或水）混合均匀。
② 将面粉倒入，先用筷子搅拌成均匀的面絮状。
③ 再下手揉面。
④ 揉成粗糙的面团后，取出，放案板上继续揉面。

制作关键 ·······

① 先将酵母和牛奶混匀，可以使酵母更均匀地分布于整个面团。
② 边倒面粉边搅拌，可以凭借经验去掌握和面的软硬度，以利于调整因面粉不同而导致的液体用量差异。

🖊 揉面方法

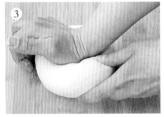 

① 双手掌根同时用力压揉面团，面团横向揉长后转90度继续揉。

② 左手在后，摁住面团末端，右手掌根部压住面团前端，向前推开，收回，再推开，重复动作，以促进面筋的扩展和强度。

③ 右手掌根压揉面团，左手负责将左侧面团收拢，送到右手根部。

④ 面团揉至细致光滑后，采用步骤3的手法将面团收圆，右手掌根逐渐移到收口处，将收口压紧，收圆。

⑤ 放入面盆，覆盖保鲜膜，放于温暖处发酵。

⑥ 发到两倍大，用食指蘸些薄面粉，插入面团，凹坑不会迅速反弹，也不会下陷，即可视为发酵完成。

⑦ 拉开面团，可以见到细密的蜂窝组织。

⑧ 取出发酵好的面团，铺撒薄粉，再将面团充分揉匀揉透，以排除发酵产生的大气泡。

⑨ 切开面团，看不到明显的孔洞，便可进行后续的整形操作了。

👨‍🍳 制作关键

① 第6步中如果凹坑迅速反弹，说明发酵不足，要继续发酵一会儿。如果凹坑下陷，说明发酵过头了，闻起来会有酸味，这时候，可以将少许食用碱碾细后，加入面团中，充分揉匀，再继续后续的操作。

② 发酵后的揉面，是为了揉掉发酵产生的气孔，使其内部气室重新排列紧密，且大小均匀，在后来的醒发和蒸制过程中，能够得到一致的涨发，从而获得饱满的外观和细密均匀的组织。如果有残留气泡不排除干净，会造成内部气室分布不均，那么在最后醒发以及蒸制过程中会导致面团内部的不规则膨胀，影响外观的圆满，也造成组织的粗糙。

③ 发酵后的揉面，如果粘手，只要时不时铺撒一层薄粉防粘即可。不要一次性掺入过多的生面，否则，便类似于"戗面"。需要用力揉匀揉透且后期醒发到两倍大小才能保证气室的均匀支撑力。如果掺入过多生粉，后期醒发时间又短，容易导致馒头涨发不利，酵母来不及扩散均匀，会出现局部死疙瘩，或者是蒸出来口感不好，有生面味。

了解面粉

38

① 面粉的吸水量与面筋质量并不成正比：有些面粉吸水量很大，但面筋质量却很差，反之，有些面粉吸水并不很多，但面筋质量却很好。这是因为只有面筋蛋白吸水后才会形成面筋，而其他蛋白吸水再多，面筋也很烂。面粉中各种蛋白的含量，与小麦质量、磨粉工艺等有关，也与厂家的人为添加有关。

② 同样的面粉，生产时间不同、储存和使用的条件不同等，都会影响吸水率。

③ 学做面食，必须从了解自己手中的面粉开始，要靠多练习多琢磨去感知面团的软硬度，继而学会如何去灵活地调整干湿比例！每次换新的面粉，最好先做几次简单的面食磨合下面粉的"脾气"，摸透之后就心里有数了。

39 馒头

难度：★ ★ ☆

🌿 主料

面粉 400 克，酵母粉 3 克，牛奶 260 毫升

🖊 制作方法

① 将酵母粉和牛奶混匀，倒入面粉，揉成
　光滑的面团，覆盖发酵至两倍大。
② 在案板上铺撒面粉，取出发好的面团，
　用力揉面，排除发酵产生的气泡。
③ 将面团揉至切面细腻，看不到明显的孔
　洞为止。
④ 将面团搓成长条。
⑤ 分切成 6 等份。
⑥ 将小面团逐个揉圆。
⑦ 收成光滑的圆坯。
⑧ 将圆坯铺垫上玉米皮，盖好，醒发
　20 ~ 30 分钟，待整体均匀松弛后，开
　水上锅，开大火，上汽后蒸 12 ~ 15 分钟，
　关火，5 分钟后开盖即可。

👨‍🍳 制作关键

① 如果喜欢暄软的馒头，醒发时间可以适当延长，但需注意不要发过头。
② 关火后，需停 5 分钟再开盖，以使锅内温度、湿度都降一降，馒头也熟得更稳定一些，不然锅
　内外温度和湿度差异太大，馒头容易皱皮儿。

40 **蒸饼儿**

 难度：★★☆

主料

面粉 500 克，酵母粉 3 克，牛奶 315 毫升

制作方法

① 牛奶和酵母粉混合均匀，倒入面粉，揉成光滑的面团，盖上锅盖，发酵至两倍大。

② 取出面团，充分揉匀排气，分成每个 100 克的剂子。

③ 将面团搓成一头略粗一头略细的条状。向木制鱼模里倒入适量面粉，粘匀后轻轻磕掉多余面粉。

④ 面团表面粘少量面粉防粘，粗头在前放入模子内，用手按压，将面团填满模子。

⑤ 整形面团，使其在模子内细细填匀。

⑥ 翻过模子，在案板上轻轻磕出成形的鱼馒头生坯。

⑦ 用同样的方法，将面团填匀寿桃模。

⑧ 翻过模子，轻磕出寿桃馒头生坯。待面团全部做完后，铺垫好，覆盖醒发 15 分钟后开水上锅，大火蒸 12 分钟即可。

制作关键

要保持蒸饼儿的造型及表面纹路，面团不能太软，酵母粉不要用太多，最后醒发时间也不要太长。

41 兔仔馒头

難度：★ ★ ☆

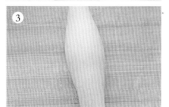

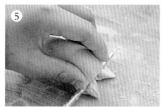

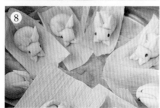

🌾 **主料**

面粉 200 克，酵母粉 2 克，牛奶 115 毫升

⚖ **配料**

红豆少许

✏ **制作方法** ·

① 酵母粉和牛奶混匀，倒入面粉，揉透成光滑的面团，覆盖，于温暖处发酵30 ~ 40 分钟，至膨胀至 1.5 倍大小。

② 取出面团，再充分揉匀揉透至切面无气孔，将面团分割成 8 等份，分别揉圆。

③ 取一份小面团，揉成两端稍细（一头细长做头部，一头细短做耳朵）、中间偏后粗圆一些的长条。

④ 用叉子将小面团两头压薄，用刀划出燕尾叉形，分别成为前脚和耳朵。

⑤ 用筷子压住前脚末端，左手捏住其后一小块面团向前压住，出来兔子的头部。

⑥ 再用筷子顶起耳朵后端，将身子向前蜷起，在颈部将耳朵压下。

⑦ 用洗净的红豆做眼睛，便做成一只兔子。

⑧ 依次做完兔仔馒头生坯，铺垫玉米皮，醒发 15 分钟后开水上锅，大火蒸 10 分钟即可。

👨‍🍳 **制作关键** ·

① 这种造型小面点，基础发酵不需要太充分，否则内部气泡太多，会影响成形的效果。

② 最后醒发也不需要太久，生坯发得太大虽然松软，但蒸出来的"胖兔子"就不"机灵"了。

42 红枣莲花饼

 难度：★★☆

主料
面粉 305 克，酵母粉 2 克，牛奶 190 毫升，红枣 4 颗

调料
红糖 25 克

制作方法

① 红糖和 5 克面粉混合均匀成红糖馅。红枣洗净，用水泡发。

② 酵母粉和牛奶混合均匀，倒入 300 克面粉，揉匀揉透成光滑的面团，发酵至两倍大。

③ 取出发好的面团，再用力揉透，将气体排出，分成 3 个面团，分别大约重 60 克、160 克和 260 克。

④ 先将 260 克的面团揉至表面光滑后按扁，擀开成约 1.2 厘米厚的圆形饼，再依次如此擀开其他面团。

⑤ 用叉子顺着面饼的边缘转圈压满纹路。

⑥ 间隔 2.5 厘米左右将边缘切开。

⑦ 食指和拇指将每个小段的两边捏合，成"莲花座"。如此处理其他两个面饼。

⑧ 在 260 克的"莲花座"表面铺开一半略多的红糖馅。

⑨ 铺上 160 克的"莲花座"，再铺上剩余的红糖馅，最后铺上 60 克的小"莲花座"。

⑩ 在小"莲花座"顶部插上红枣。将莲花饼生坯铺垫好，醒发 20 分钟后开水上屉，大火蒸 15 分钟即可。

制作关键
红糖馅铺开的范围不要超过上面那张饼的直径。

 难度：★ ★ ☆

㊸ 破酥馒头

🌿 主料

A：面粉 400 克，酵母粉 3 克，牛奶 260 毫升，猪油 12 克

B：面粉 100 克，猪油 55 克

🥄 制作方法

① 将 A 的酵母粉和牛奶混合均匀，倒入面粉，揉匀成面团，摊开放上软化的猪油，揉成均匀柔软的面团，收入盆中，发酵至两倍大。

② 将 B 的面粉和猪油切拌捏合，混合均匀成油酥面团。

③ 将发酵好的 A 面团揉掉气泡，均匀摊开，边缘略薄，包入 B 面团，捏合收口。

④ 将面团收口朝下，在案板上均匀擀开。

⑤ 翻面后将擀开的面片卷起。

⑥ 将卷好的面团竖向均匀擀开擀薄，顺长方向紧密叠卷起来。

⑦ 用双手将叠卷好的面团的形状整理匀称。

⑧ 将面团均切成 8 等份，覆盖，醒发 20 ~ 30 分钟后开水上屉，大火蒸 15 分钟即可。

👨‍🍳 制作关键

① A 面团和 B 面团的柔软度应该一致，才能保证顺利擀开不漏酥。

② 包裹 B 面团时，A 面团不要擀开太大，确保和 B 面团紧密接触，才能保证酥层分布均匀。

③ 面团是很柔软的，擀制过程不需停顿，万一不容易擀开不要硬来，可停下来让面团松弛 5 ~ 10 分钟再擀。

44 玉米馒头

难度：★★☆

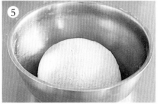

主料

玉米面 100 克，沸水 90 毫升，中筋面粉 200 克，酵母粉 2 克，牛奶 120 毫升

制作方法

① 酵母粉和牛奶混合均匀，倒入中筋面粉，揉匀揉透成光滑的面团，覆盖发酵至两倍大。

② 向玉米面中冲入沸水。

③ 边冲边快速搅匀，静置放凉。

④ 将发好的白面团加入放凉的玉米面中，揉匀成面团。

⑤ 将面团再次发酵至两倍大。

⑥ 案板上铺撒薄薄一层面粉，取出面团，揉匀。

⑦ 将面团搓成长条，分切成 8 等份。

⑧ 将馒头生坯铺垫好，静置醒发 20 分钟后开水上屉，上汽后大火蒸 10 分钟即可。

制作关键

① 将玉米面先烫过，可以更好地去掉玉米面的生味，使馒头的玉米味更纯正。

② 玉米面一定要用沸水烫透，而且烫好后要放凉，至少放至 37℃，才能揉入发好的面团中，否则容易将酵母烫死，影响后续的发酵。

③ 步骤 5 揉面时若粘手，可稍加点面粉。

45 绿豆馒头

难度：★ ★ ☆

🌿 主料

面粉 400 克，绿豆粉 100 克，酵母粉 4 克，牛奶 350 毫升

🧂 调料

盐、花生油各适量

🥢 制作方法

① 牛奶和酵母粉混合均匀，倒入绿豆粉，搅匀。

② 倒入面粉，揉成光滑的面团，覆盖保鲜膜，于温暖处发酵至两倍大。

③ 取出发好的面团，充分揉匀排气，分成 8 等份，分别揉圆。

④ 取一个小面团，先搓成长条，再用擀面杖从中间向两头均匀擀开。将擀成的面片由一头卷起，将收口捏紧。

⑤ 从中间将卷好的面卷一切为二，切口向下略微压一下。其他小面团依此法处理，总共做成 16 个小花馒头生坯，将它们铺垫，醒发 20 分钟后开水上锅，大火蒸 12 分钟。

⑥ 蒸好的馒头横切成三片。

⑦ 取一小碗，倒入水和适量盐搅匀。将平底锅烧热，倒入适量花生油，油热后，将馒头片两面快速蘸一下盐水。

⑧ 将蘸过水的馒头片码放入锅里，煎至两面金黄即可出锅。

👨‍🍳 制作关键

加了杂粮的馒头，切片煎一下比直接食用还好吃，脆香脆香的。

46 全麦馒头

 主料

A：中筋面粉 200 克，酵母粉 2 克，牛奶 208 毫升

B：中筋面粉 80 克，全麦粉 80 克

 制作方法 •

① 将 A 中的牛奶和酵母粉混合均匀，倒入中筋面粉，用筷子充分搅匀。

② 覆盖，发酵至三倍大。

③ 将 B 的全麦粉和中筋面粉混合均匀，倒入发酵好的 A 中。

④ 先用筷子大体搅匀，再下手揉成一个光滑的面团。

⑤ 将面团松弛 15 分钟后，分割成 6 等份。

⑥ 将小面团逐个揉成圆坯，覆盖好，于温暖处醒发 1 小时后，铺垫玉米皮，开水上屉，大火蒸 15 分钟，关火 5 分钟后再开盖即可。

 制作关键 •

用这种方法制作的发酵面点，组织绵密有弹性，保湿性好，比用直接发酵法做的更松软、有嚼劲。

有花卷有颜有形

47 蒸制面点常见问题（一）🔊

为什么我的面团总揉不光滑？

① 揉面手法不对，揉面其实就是一个促进面筋扩展、增进面筋韧性的过程，如果你手法"过乱"，反而会破坏面筋的形成，所以就收不出一个光滑的面团了。

② 面团的干湿比例不对，过硬或过软的面团，都会增加揉光滑的难度。建议新手或手劲儿不够的人，不要尝试过硬的面团。过软的面团，可以一点点增加面粉继续揉至软硬合适。

③ 如果面团的软硬在所要求的范围之内，就是揉不光滑，那么最好的办法就是，停下来松弛 5 ~ 10 分钟（覆盖），再上手揉，你会发现好揉多了！虽说是"松弛"，但面团并不休息，面筋会在一个"放松"的环境下，从容不迫地完成蛋白质与水的充分结合，形成更多的面筋，之后你再揉面，即可帮助面筋的扩展，增加其柔韧性。

④ 面粉的面筋蛋白含量过低。

如何判断蒸制的火候和时间？

① 蒸制的火候不要选择全程小火，否则锅内湿气过重。如果先期用小火，是为了让面坯的醒发更充足一些，那么后期一定要调成大火，以促进锅内热蒸汽的正常循环，避免水湿现象。

② 具体蒸制的时间，多练习之后便可凭经验、试生坯大小来定。

③ 如果嗅觉灵敏，蒸制的后期，能闻出味儿的时候，基本上就八成熟了（特别是包馅儿类面食），之后小个头面食再蒸 2 ~ 3 分钟就可以了，大个头再蒸 5 分钟左右就差不多了。

④ 开锅后，轻轻戳一下，能够迅速反弹，弹性很好，就是熟了。如果按下去有凹坑，反弹很缓慢或者凹坑不消失，说明蒸制时间不够。

为什么我的面食蒸出来是塌的，总有死疙瘩现象？

① 酵母用量太少，或活性差，或水温偏高，或前期发酵过头，导致后期涨发没有足够的支撑力。

② 醒发温度太低，醒发不足，尤其是偏硬的面团。

③ 发酵后的揉面掺入过多生粉，没有揉匀揉透，醒发又不足。

④ 面团太硬，揉面不够，导致气室分布不均匀，醒发不均匀。

⑤ 包子、花卷等发酵面食，皮不要擀得过薄，否则，油脂渗入面皮，会阻碍发酵作用。而且，如果包子皮薄，醒发时间不要太长，以免醒发过度。

⑥ 高糖或高油或高蛋的面团，酵母用量太少，或醒发不足，容易塌。

48 螳螂卷

难度：★★☆

🌿 主料

A：面粉 100 克，牛奶 65 毫升，酵母粉 1 克
B：面粉 70 克，玉米面 20 克，小米面 10 克，
　　酵母粉 1 克，牛奶 65 毫升
C：面粉 70 克，黑米面 30 克，酵母粉 1 克，
　　牛奶 65 毫升

🧂 调料

花生油适量，白糖适量

🥢 制作方法 •

① 取三个盆，将 A、B、C 三份主料中的
　 牛奶和酵母粉分别混合均匀，再倒入各
　 自的其他主料，分别揉成光滑的面团。
② 面团发酵至两倍大后取出，稍揉一下，
　 分别擀成等大的长方形面片。
③ 在每一个面片上都抹上适量花生油，撒
　 上适量白糖。
④ 将三个面片对齐摞起来。
⑤ 轻轻擀开摞齐的面片。

⑥ 将擀好的面片边缘整理好后，由一端开
　 始卷起，收口捏紧。
⑦ 将面卷如图斜切成近似三角形。
⑧ 将螳螂卷生坯用筷子顺中轴线压一下，
　 大头用力要轻，小头略重一些，醒发 20
　 分钟，开水上屉，大火蒸 13 分钟即成。

㊾ 肉卷

 难度：★ ★ ☆

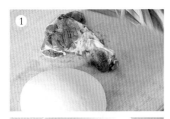

🌿 主料

面粉300克，猪颈背肉190克，酵母粉3克，牛奶200毫升

🍶 调料

香葱碎50克，料酒5毫升，生抽2.5毫升，老抽2.5毫升，蚝油10毫升，五香粉2.5克，盐2.5克，蛋白15毫升，淀粉5克，香油5毫升

✏️ 制作方法 ·

① 将牛奶和酵母粉混合均匀，倒入面粉，揉成光滑柔软的面团，于温暖处发酵至两倍大。

② 等待面团发酵的过程中，将猪颈背肉剁成肉馅，加入料酒、生抽、老抽、蚝油、五香粉、盐和蛋白，搅拌均匀。加入淀粉搅匀，再倒入香油拌匀。

③ 待面发好后，从盆中取出，揉掉气泡。擀成约5毫米厚的长方形，分切成两份。

④ 将香葱碎和肉馅混合拌匀。

⑤ 将拌好的馅料均匀地涂抹在面皮上。

⑥ 将涂匀馅料的面皮由上而下卷起。两份都做完后，醒发30分钟，开水上锅，大火蒸12分钟。取出切块即可食用。

50 椒盐双色卷

难度：★★★

主料

A：面粉 400 克，酵母粉 3 ~ 4 克，牛奶
260 毫升

B：面粉 400 克，酵母粉 3 克，山药枸杞
豆浆 248 毫升

调料

花生油 22.5 毫升，椒盐 2 克

制作方法

① 将提前做好的山药枸杞豆浆放凉，取 1
小杯用来做和面的液体。

② 取两个盒，按照 A 和 B 的分量分别称出
两份面粉，并加入放凉的豆浆，分别揉
成两个光滑柔软的面团。发酵至两倍大。

③ 取出发好的面团置于案板上，充分揉面
排除气泡后，拍成两个等大的椭圆面团。

④ 分别将两个面团擀均匀，擀开成均约 5
毫米厚的长方形面片。将两个面片表面
均匀抹油，各撒一层椒盐，再摞在一起。

⑤ 四边对齐后，从长边一端开始紧密卷起。

⑥ 将卷好后的长条切成数个约 2 厘米宽的
小段。

⑦ 取两个小段摞在一起，用筷子横向压到底。

⑧ 双手捏住两端略抻，右手持筷子放在面
剂子的背面，以筷子为中轴左手将两端
捏住。

⑨ 左手不动，右手捏住筷子顺时针转一圈。

⑩ 转圈回来后压住左手的捏合处。抽出筷
子即成生坯。依次做完其他面段，铺垫
好，覆盖，醒发 20 分钟。开水上锅，
上汽后大火蒸 16 分钟即可。

⑤ 锅煎胡萝卜卷

难度：★★☆

🥬 主料

面粉 202 克，酵母粉 2～3 克，胡萝卜泥 135 克，清水 100 毫升

🧂 调料

花生油 15 毫升，椒盐 2 克，盐 2 克，炒熟黑芝麻 15 克

🥖 制作方法

① 将胡萝卜泥和酵母粉混合均匀，倒入 200 克面粉，揉成光滑柔软的面团，收圆入盆。覆盖，发酵至两倍大。

② 取出发好的面团，揉出气泡，揉好后，松弛 5 分钟。面团均匀擀开成长方形，厚度约 5 毫米。淋上油，抹匀，撒上椒盐和用擀面杖擀碎的黑芝麻。

③ 握住短边一端，延长边向里卷起，将收口捏紧。

④ 切成 2～3 厘米宽的小段。

⑤ 取一块小面段，用筷子在中间横向压一下。

⑥ 两手分别捏住两端，略抻，两手向相反方向拧出条纹。

⑦ 将面段两端按压在案板上，利用粘力固定防止走形，依次做完其他，放在案板上覆盖醒发 15 分钟，制成生坯。

⑧ 将 2 克面粉与清水混匀成面粉水。平底锅倒入适量油，烧热后，将生坯排放入锅，略煎。向锅中倒入面粉水，盖好锅盖，煎煮至水收干，底部金黄结皮即可出锅。

👨‍🍳 制作关键

① 拧卷的时候，双手不要将长度拉长，那样纹路不漂亮，收拢一下成形比较好看。

② 加入面粉水，可以使成品底部形成一层薄脆的"冰花"脆皮，好看好吃。

52 黄金千层花卷

难度：★★☆

主料

面粉250克,酵母粉2～3克,南瓜泥60克,牛奶116毫升

调料

花生油15毫升，盐2克

制作方法

① 将酵母粉、南瓜泥和牛奶混合均匀。倒入装有面粉的盆中，揉成光滑柔软的面团。放于温暖处发酵至两倍大。
② 取出发酵好的面团，揉掉发酵产生的大气泡。将面团擀开成长方形面片，厚度约5毫米。
③ 面片上淋油抹匀，再撒上盐抹匀。顺长边叠起。
④ 将收口整齐捏紧。

⑤ 切成数个2～3厘米宽的小段。
⑥ 取出两段摞在一起，用筷子横向在中间压到底。
⑦ 用手捏住两端，向相反方向拧出漂亮整齐的花纹层次。
⑧ 在底部捏合。铺垫后并排整齐堆放，醒发20分钟。开水上屉，大火蒸15分钟即可。

厨房窍门

不管什么时候，南瓜泥做的面点都零失误地漂亮！层次迷人的千层卷披上金黄色的外衣，是不是更加高贵了呢～有空的时候，切开一个南瓜，去皮去瓤切片蒸熟透，制成南瓜泥，分成小份儿冷冻起来，这样，用的时候就很方便了。

53 油爆剁椒花卷

难度：★★☆

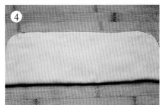

🌿 **主料**

鲜酵母5克，清水140毫升，面粉300克

🧂 **调料**

油爆剁椒30克

✒️ **制作方法** ·········

① 鲜酵母加20毫升水化开，制成酵母水。将酵母水加入面粉中拌匀，再把剩余的水分次加入，揉成面团，盖湿布醒发至原体积2倍大。

② 把发好的面团揉搓至内部无气泡，擀成厚约5毫米的长方形面片。

③ 在面片上均匀涂抹油爆剁椒。

④ 将面片延长边对折。

⑤ 将折后收口的面片均匀地切成8份，在每份中间再切一刀，不切断制成剂子。

⑥ 取一个剂子，用手拧成麻花状，拿着两端打一个活结，稍做整理即成花卷生坯。其余剂子依次做好。

⑦ 做好的花卷生坯盖湿布醒发20分钟。

⑧ 蒸箅上铺一层湿布，摆上花卷生坯，放入凉水蒸锅，大火烧开后转小火蒸8分钟，3分钟后再开盖，取出放凉即可。

✒️ **油爆剁椒的制作方法** ·········

起油锅烧热，放入剁椒酱和葱末、姜末、蒜末炒香，加盐炒匀即成。

54 烤茴香花卷

难度：★★☆

1

2

3

4

5

6

7

8

主料

面粉 500 克，清水 230 毫升，茴香 150 克，鲜酵母 8 克

调料

盐 5 克，白糖 2.5 克，花生油 15 毫升

制作方法

① 鲜酵母中加入清水，浸泡 3 分钟后搅匀，分次倒入面粉中拌匀，揉成均匀的面团，加盖醒发至面团原体积 2 倍大。用手指戳一下，凹坑不会迅速反弹。

② 茴香洗净，沥干水后切碎。茴香碎中放入一半的盐调味，用手抓匀后腌制 10 分钟。腌好后用手挤去茴香中多余的水，加剩余的盐、白糖、花生油拌匀。

③ 发好的面团揉搓排气，擀成厚 5 毫米的长方形面片，放上调好味的茴香碎铺匀。

④ 延面片较长的一端开始卷起，接口处用手捏紧制成卷。

⑤ 将卷搓圆，分割成 24 等份的小剂子。

取 2 个剂子叠放在一起，中间用筷子压一下。

⑥ 用手捏剂子两头，向两端略抻长，再相对旋转 180°，一头围着手指转一圈，两头搭在一起压紧，制成生坯。

⑦ 所有的生坯都按照步骤⑤、⑥做好，再静置醒发 20 分钟。锅内加水，把生坯放置到铺有湿布的蒸箅上，大火烧开，转中小火蒸 15～20 分钟。

⑧ 蒸好的花卷取出放凉，用刀在与花纹垂直的方向切片。花卷片放入已经预热的电饼铛中，烤烙至两面金黄即可。

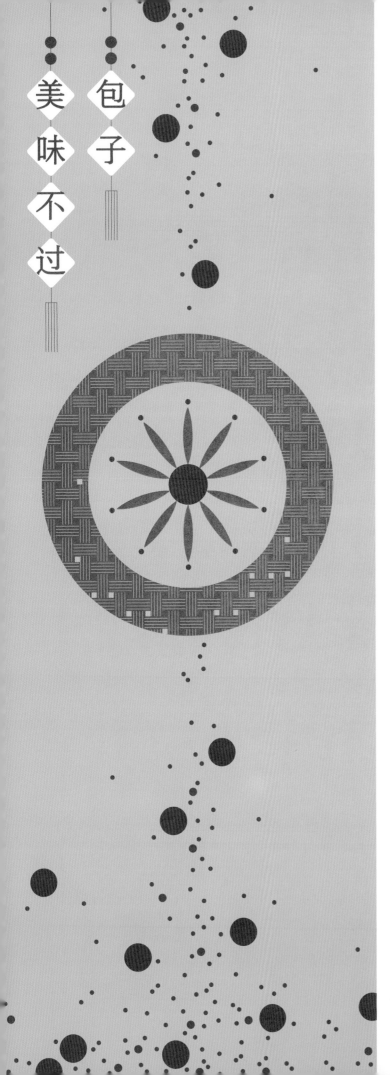

美味不过包子

为什么我的馒头、包子总是蒸得湿塌塌的？

　　关于滴水的现象，与开水还是冷水上锅无关，而是与火候的大小和锅盖有关：

① 火候太小，蒸汽循环差，水湿现象就会加重。

② 锅盖的弧度小，蒸汽不是顺着锅壁流下，而是直接滴下，会导致面食湿塌。

③ 玻璃锅盖更容易造成水滴的现象，所以建议选专用的蒸锅。

为什么我同一锅蒸的馒头、包子，总有一两个像"死面"疙瘩？

① 揉面不均导致涨发力不均匀。

② 如果面团偏硬，有可能是最后做好的几个生坯，醒发不足。

③ 如果每次做的数量较多，也有可能是先前做好的那几个，醒发过度了，尤其是皮薄的包子。

④ 蒸的数量过多，如果一次蒸 2～3 层，上层的水汽凝成热水滴滴到下层的面食上，影响局部涨发，所以，每层底部都要铺上纱布吸湿。

⑤ 排除上面原因，那还有可能是锅盖的问题。

为什么我蒸的面食热的时候吃着暄软，凉后很容易干硬？

① 馒头、包子等发酵面食，出锅放凉后，最好放入保鲜袋或密封盒保存。即便如此，仍然不可能保持刚出锅时的暄软，妥善保管只能尽量减少水分的流失，只要吃前蒸透，就可以恢复松软的口感。

② 正确的保存方法下，虽然馒头凉后会紧实一些，但不会干硬。如果出现这种情况，很有可能是揉面力度不够，面筋太"脆弱"，持水性差，受热易断裂，丧失水分，导致成品口感粗糙，水分流失快。还有可能是面粉的品质不好。

为什么我的面食蒸出来是塌的，总有死疙瘩现象？

① 酵母用量太少，或活性差，或水温偏高，或前期发酵过头，导致后期涨发没有足够的支撑力。

② 醒发温度太低，醒发不足，尤其是偏硬的面团。

③ 发酵后揉面时掺入过多生粉，没有揉匀揉透，醒发又不足。

④ 面团太硬，揉面不够，导致气室分布不均匀，醒发不均匀。

⑤ 包子、花卷等发酵面食，皮不要擀得过薄，否则油脂渗入面皮会阻碍发酵。而且，如果包子皮薄，醒发时间不要太长，以免醒发过度。

⑥ 对于高糖或高油等的面团，如果酵母用量太少，或醒发不足，就容易塌。

56 红糖弯月包

主料

面粉 305 克，酵母粉 3 克，牛奶 190 毫升，红糖 45 克

制作方法

① 将酵母粉和牛奶混匀，倒入 300 克面粉，揉成光滑柔软的面团后覆盖醒发。待面团发酵至两倍大，取出，再充分揉面，排出多余气泡。

② 将面团揉成均匀的粗条，分切成 6 等份，再将小面团逐个揉圆，覆盖好。

③ 将红糖和 5 克面粉混合均匀，制成红糖馅。

④ 取一个小面团，均匀擀开成厚 7 毫米的圆饼。

⑤ 圆饼中间放上 1/6 的红糖馅，将饼皮对折，右手将一角捏合。

⑥ 用左手拇指和食指折叠外侧的面皮，右手拇指和食指负责将两侧面皮捏合。

⑦ 两手依步骤⑤、⑥的做法，沿一侧捏出褶子。

⑧ 将收口捏紧，制成弯月形带褶子的包子生坯。做好其他包子生坯，铺垫好，醒发 20 分钟后开水上锅，大火蒸 13 分钟即可。

厨房窍门

① 红糖中加入面粉，是为了降低红糖融化后的流动性，防止其受热爆溅。面粉的量不要太多，这样红糖加热后还可以保持流动性，否则红糖会凝结，就不能做出诱人的"糖汁儿"了。

② 实在不会捏褶，可以包成红糖三角包。

57 八角灯笼包

难度：★ ★ ☆

🌿 **主料**

面粉 400 克，酵母粉 3 克，牛奶 250 毫升，豆沙馅适量

🧂 **调料**

食用红色素少许

🍚 **配料**

玉米叶若干

🥢 **制作方法** •

① 将玉米叶洗净，剪成小长方形，蒸干备用。将酵母粉和牛奶混合均匀，倒入面粉，揉成光滑的偏硬的面团，覆盖发酵至两倍大。

② 取出发好的面团，充分揉匀排气，分成7等份，分别揉圆。

③ 取一个面剂子，擀成圆皮，包入豆沙馅，收口并捏紧。

④ 将包子生坯收口朝下，整圆，略按扁，用夹子在侧面夹出"耳朵"。

⑤ 先对称夹出四个"耳朵"。

⑥ 再在每两个"耳朵"中间夹出一个"耳朵"，制成共八个"耳朵"的八角灯笼包生坯。

⑦ 包子生坯做好后略整理下形状，铺垫好玉米叶，醒发 20 分钟后开水上屉，蒸 14 分钟即可。用四根筷子蘸少许食用红色素，在蒸好的八角灯笼包顶部中央轻轻点上红印。

58 白菜酱肉包

难度：★ ★ ☆

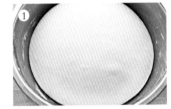

🌿 主料

面粉 400 克，酵母粉 4 克，清水 210 毫升，猪后腿肉 250 克，大白菜 620 克（脱水后 450 克）

🧂 调料

干面酱 15 克，生抽 5 毫升，姜末 5 克，花生油 15 毫升，葱（切葱花）30 克，盐 5 克，香油 5 毫升

🖊 制作方法 ·

① 将酵母粉和清水混合均匀，倒入面粉，揉匀揉透，制成光滑的面团，覆盖发酵至两倍大。

② 猪后腿肉切成 1 厘米见方的小丁，放入盆中，加入姜末、生抽。

③ 干面酱中加 30 毫升水澥开，倒入猪肉丁中，拌匀至顺滑（可适量加水），加入香油拌匀，腌制 30 分钟。

④ 大白菜洗净，切成 1 厘米见方的丁，放入大盆中，撒入一半盐，用手抓匀，静置 15 分钟。

⑤ 将白菜丁装入纱布中，攥掉释出的水。

将纱布中的白菜丁倒入空盆中，再加入葱花和猪肉丁混合，调入剩下的盐和花生油。

⑥ 将发酵好的面团用力揉匀，排除气泡，搓成长条，分切成 9 等份。取一份小面团，擀成约 5 毫米厚的圆形或椭圆形面皮，放上馅料，将面皮对合一下。

⑦ 右手先将右端的角捏紧。

⑧ 左手拇指将馅儿向内推的同时，用右手拇指和食指收褶至左端，最后将收口捏紧。做完所有包子生坯，铺垫，醒发 20 分钟后开水上锅，大火蒸 18 分钟即可。

🍳 厨房窍门 ·

① 新鲜的大白菜并不好吃，和红薯一样，它们都需要"困"（放置自然脱水）过才好吃，所以，春天的白菜一般比冬天的要好吃。

② 大白菜水分含量高，事先用盐"杀"出水分，可以有效地防止拌馅时出水。

59 全麦菌菇酱肉包

难度：★★☆

🌾 主料

中筋面粉 450 克，全麦粉 50 克，酵母粉 5 克，清水 265 毫升，猪绞肉 250 克，平菇 210 克，杏鲍菇 220 克，金针菇 50 克

🧂 调料

料酒 15 毫升，生抽 15 毫升，老抽 15 毫升，蚝油 30 毫升，甜面酱 30 克，盐 3 克，淀粉 15 克，花生油适量，香葱 40 克

🥢 制作方法

① 将酵母粉和清水混合均匀。先倒入全麦粉混合均匀，再倒入中筋面粉混合均匀，揉成光滑柔软的面团，覆盖，静置发酵。

② 平菇、杏鲍菇和金针菇分别洗净，切成小粒，装在三个可以放入微波炉加热的平盘里。用微波炉将平菇粒和杏鲍菇粒分别高火加热 4 分钟，金针菇粒高火加热 1 分钟，取出后滗掉水，放凉。

③ 香葱切成葱花，放进碗里，倒入 30 毫升花生油，拌匀，放在一边静置半小时入味。

④ 将放凉的三种菇粒充分挤干水，倒入炒锅中，开火，炒至菇粒边缘微黄时，喷入少许花生油，继续煸炒均匀，关火，盛出放凉。

⑤ 猪绞肉中加入料酒、生抽、老抽、蚝油、甜面酱，边适量加水边搅打上劲，搅至肉馅能顺利搅开，加入淀粉，拌匀。

⑥ 面团发酵完毕后取出，充分揉匀排气。

⑦ 将菇粒和油浸葱花一起倒入肉馅中，调入盐，搅拌均匀。

⑧ 将揉好的面团搓成长条，均匀分切成若干个剂子，分别擀成圆皮，包入适量馅料，提褶捏成包子生坯。全部做完后，将包子生坯覆盖醒发 30 分钟，开水上锅，大火蒸 15 分钟左右（视包子大小调整时间）即可。

60 胡萝卜牛肉包 难度：★★☆

主料

鲜牛肉馅 200 克，面粉 150 克，胡萝卜 100 克，鸡蛋 1 个，温水 75 毫升，酵母粉 4 克

调料

酱油 35 毫升，盐适量，十三香少许，花椒油少许，葱花 30 克，姜末 20 克

制作方法

① 将胡萝卜洗净，切碎，备用。

② 在牛肉馅中加入少许清水，拌上十三香、盐、酱油、花椒油，用筷子搅打上劲后磕入鸡蛋拌匀，倒入姜末、葱花、胡萝卜碎拌匀，制成馅料，备用。

③ 面粉中加入温水、酵母粉，和成面团，放入盆中，覆盖，静置发酵。

④ 面团发酵好后分成大小适中的剂子，逐一擀成皮，包入馅料，做成包子生坯。蒸锅内加水，置于火上，上汽后放入包子生坯，大火蒸 15 分钟，关火后闷 5 分钟左右即可出锅。

61 水芹猪肉包 难度：★☆☆

主料

鲜猪肉馅 200 克，面粉 150 克，水芹 100 克，鸡蛋 1 个，温水 75 毫升，酵母粉 4 克

调料

葱花 30 克，姜末 20 克，盐少许，十三香少许

制作方法

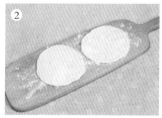

① 将水芹洗净，切碎。鸡蛋打散。在猪肉馅中加少许水，放入十三香、盐，搅打上劲后加入鸡蛋液拌匀，最后放入葱花、姜末、水芹碎拌匀，制成馅料，备用。

② 在面粉中加入温水和酵母粉，和成面团，放入盆中，覆盖，静置发酵。面团发酵好后分成大小适中的剂子，逐一擀成皮，包入馅料，做成包子生坯。蒸锅内加水置于火上，上汽后放入生坯包子，大火蒸 15 分钟，关火后闷 5 分钟左右即可出锅。

厨房窍门

可以在和面时添加点牛奶。

62 素三鲜包 难度：★☆☆

🌿 **主料**

面粉150克，鲜香菇100克，水发黑木耳100克，鸡蛋3个，温水75毫升，酵母粉4克

🧂 **调料**

葱花20克，盐适量，十三香少许，花椒油少许

🥢 **制作方法**

① 将水发黑木耳洗净，切碎。碗中磕入2个鸡蛋搅打成蛋液，倒入热油锅中炒熟，再将炒熟的鸡蛋切成碎末。锅中加水烧开，放入洗净的鲜香菇汆烫一下，捞出，切丁，再加入炒鸡蛋碎、十三香、花椒油、盐搅拌一下，接着磕入剩下的一个鸡蛋拌匀，最后倒入黑木耳碎、葱花拌匀，制成馅料，备用。

② 在面粉中加入温水和酵母粉，和成面团，放入盆中，覆盖，静置发酵。面团发酵好后分成大小适中的剂子，逐一擀成皮，包入馅料，做成包子生坯。蒸锅内加水置于火上，上汽后放入包子生坯，大火蒸15分钟，关火闷5分钟左右即可出锅。

👨‍🍳 **制作关键**

水发黑木耳一定要清洗干净，去掉根部，以免杂质掺入，影响口感。

63 鲜虾菜心包 难度：★☆☆

🌿 **主料**

面粉150克，鲜虾仁100克，鲜猪肉馅100克，青菜100克，鸡蛋1个，温水75毫升，酵母粉4克

🧂 **调料**

盐适量，十三香少许，葱花30克，姜末20克

🥢 **制作方法**

① 将鲜虾仁洗净，切丁。青菜洗净，切碎。鸡蛋打散。在猪肉馅中加入十三香、盐和少许水，搅打上劲后加入鸡蛋液拌匀。放入葱花、姜末、鲜虾仁丁、青菜碎拌匀，制成馅料，备用。

② 在面粉中加入温水和酵母粉，和成面团，放入盆中，覆盖，静置发酵。面团发酵好后分成大小适中的剂子，逐一擀成皮，包入馅料，做成包子生坯。蒸锅内加水置于火上，上汽后放入包子生坯，大火蒸15分钟，关火后闷5分钟左右即可。

💡 **厨房窍门**

① 根据季节不同，面团的发酵时间也有所不同。

② 如果你不会捏褶，可以将包子皮的边缘全部用手指抓住，将包子拎起来顺着同一个方向转几下，然后向下按一下。

64 松软的鲜肉蒸包

难度：★★☆

主料

面粉 500 克，鲜酵母 8 克，清水 240 毫升，五花肉 500克，热水 200 毫升

调料

香葱 20 克，盐 8 克，白糖10 克，胡椒粉 3 克，花椒2 克，料酒 15 毫升，香油10 毫升，酱油 5 毫升，姜适量

配料

枸杞适量

制作方法

① 鲜酵母用少许清水化开，倒入面粉中拌匀，再分次加入剩下的清水揉匀成面团，盖湿布醒发至两倍大。
② 将发酵好的面团揉至内部无气体，成光滑的面团。
③ 花椒用热水浸泡 10 分钟，放凉。
④ 五花肉洗净，剁成肉馅。姜、香葱均切末。
⑤ 肉馅中加入盐、白糖、料酒、胡椒粉、香油、姜末、酱油，拌匀。
⑥ 向肉馅中分多次加入花椒水，搅打上劲，直到花椒水被完全吸入肉馅中。
⑦ 肉馅中加入葱末拌匀，放入冰箱中冷藏 1 小时后取出。
⑧ 揉匀的面团搓成长条，分割成每个重约 25 克的剂子。
⑨ 将剂子按扁，擀成中间厚、边缘薄的包子皮。包子皮中放入馅料，捏褶，制成包子生坯。
⑩ 将包子生坯收口成金鱼嘴状，加枸杞点缀，盖湿布醒发 20分钟后，放入铺有湿屉布的凉水锅中，大火烧开后转小火蒸10 分钟，关火，3 分钟以后开盖取出即可。

制作关键

① 肉馅中放入花椒水可去腥、提鲜，还可以保持肉馅的滑嫩口感。
② 包子蒸好后关火，3 分钟以后再开盖，包子就不会塌掉。
③ 如果做的是发面包子，即用膨松面团做的包子，包子馅要调制得干一些，馅的汤多了，会导致蒸出的包子底部不起发，口感发黏。
④ 咸味的包子馅要调制得咸一些，这样与包子皮一起吃的时候味道才正好。

65 猪肉茴香水煎包

主料
茴香 180 克，猪肉 80 克，面粉 220 克，鲜酵母 4 克，清水 110 毫升

调料
盐 3 克，白糖 3 克，料酒 5 毫升，胡椒粉 3 克，酱油 3 毫升，香油 5 毫升，熟花生油 8 毫升，淀粉 20 克，葱末、姜末各适量，花生油适量

配料
红尖椒（切末）1/2 个，熟黑芝麻适量

制作方法
① 鲜酵母用少许清水化开，加入面粉中，再分次加入剩下的清水揉成面团，醒发至两倍大，揉至完全排气。
② 猪肉切末，加入料酒、酱油、胡椒粉、香油、葱末、姜末，搅打上劲，备用。
③ 茴香治净，焯水后浸在冷水中降温，捞出挤干水，再切碎。
④ 将茴香碎与肉馅混合，加盐、白糖、熟花生油，拌匀成包子馅。
⑤ 将揉好的面团搓长条，分割成 12 个等大的剂子，按扁后擀成包子皮。
⑥ 包子皮中包入馅料，制成包子生坯。淀粉加适量水调匀成水淀粉。
⑦ 锅入油烧至四成热，放入包子生坯，煎至包子底部微黄，加入水淀粉，盖锅盖小火煎 8 分钟，至锅内汤汁烧干。
⑧ 撒入葱末和红尖椒末，再煎 2 分钟，至包子底部金黄酥脆时，撒入黑芝麻，关火，取出即可。

66 云南破酥包

 主料

高筋面粉 500 克，冷水 250 毫升，酵母粉 5 克，泡打粉 5 克，土猪肉（切大块）500 克，香菇 8 朵

 调料

白糖 15 克，猪油 50 克，花生油 30 毫升，大葱 1 根，姜 1 块，草果 2 颗，八角 6 颗，酱油 30 毫升

配料

大荷叶若干张

 制作方法 •

① 香菇泡发后切小丁，大葱、姜洗净后切丝。锅内放花生油，将葱丝、姜丝放入炸香，捞出葱丝、姜丝，放入切成大块的土猪肉翻炒，加入草果、八角和酱油炖 40 分钟，将土猪肉捞出，肉汁盛出备用。然后将土猪肉肥肉与瘦肉分开，将肥肉放入锅内炼油，制成猪油。瘦肉倒入锅内加香菇丁翻炒，倒入肉汁稀释搅匀成馅料，冷藏备用。

② 将面粉倒入盆中，加酵母粉、白糖、泡打粉搅匀，慢慢加入冷水，和成光滑的面团，做到面光、盆光、手光。

③ 无须醒发，直接将面团擀成大面皮。在面皮上用刷子刷一层软化的猪油。

④ 将面皮从一边开始卷起，卷成长条，在收口处沾上一点水。

⑤ 将卷起的长面条揪成 80 克一个的面剂子若干。

⑥ 将面剂子压扁，包入馅料，收口。

⑦ 将包好的破酥包坯放入垫有油纸的笼屉，静置发酵 30 分钟。锅内水烧开上汽后放入破酥包坯，蒸 15 分钟后取出待用。

⑧ 烤箱上下火 180℃预热，放入蒸过的破酥包烤 15 分钟至金黄即可。竹箅上放一张隔油的荷叶，将破酥包摆盘即可。

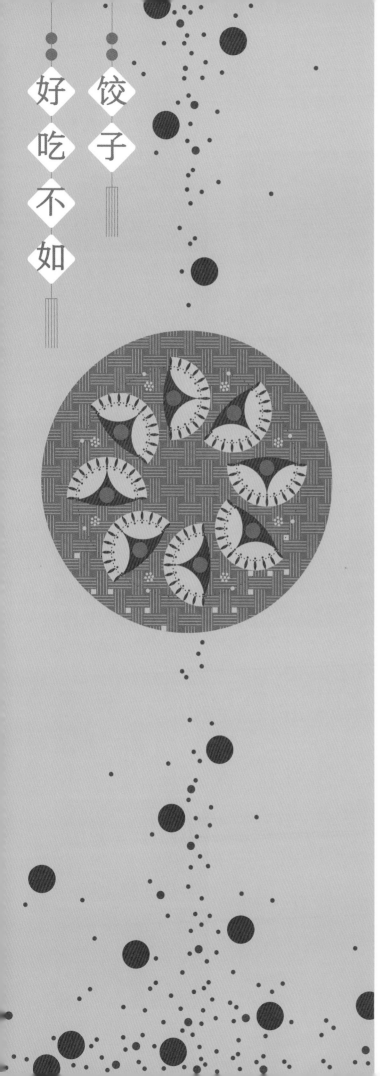

好吃不如饺子

67 荠菜鲜肉饺子 难度：★ ☆ ☆

🌿 **主料**

面粉500克，清水262毫升，猪肉馅200克，荠菜250克，白菜400克

🧂 **调料**

姜末、盐各5克，料酒、生抽各15毫升，花生油30毫升，香油10毫升

🥢 **制作方法**

① 荠菜择洗干净，切碎。白菜剁碎，稍稍攥掉多余水（不要挤太干）。

② 猪肉馅中加入姜末、料酒和生抽，一点点淋入清水至能不费力地搅拌开即可，加入香油拌匀。

③ 拌好的肉馅中加入白菜碎、荠菜碎混合，调入盐、花生油，拌匀成馅料。

④ 面粉和清水混合，揉成光滑柔软的面团。将面团搓揉成长条，均匀分切成若干个小剂子，分别擀成饺子皮，包入馅料，挤成饺子生坯，入开水锅煮熟即可。

👨‍🍳 **制作关键**

① 完全用荠菜做馅儿，口感太干，加入白菜既增加了润感，又增添了清新的口感。

② 荠菜根很香，不要丢掉，切的时候要尽量切细，这样易熟，口感好。

68 黄瓜饺子

主料

● 面皮

面粉 400 克，清水适量

● 馅料

猪肉 200 克，黄瓜 3 根，洋葱 1 个，海米约 25 只

调料

姜末 5 克，料酒适量，生抽 10 毫升，香油 10 毫升，盐 7 克，花生油 15 毫升

制作方法

① 猪肉剁成肉馅。海米放入碗中，并加入能没过海米的料酒，浸泡至软。

② 在猪肉馅中加入姜末、5 毫升料酒、生抽。将黄瓜洗净，擦丝，抓起一把黄瓜丝，向猪肉馅中挤入约 30 毫升黄瓜汁。剩下的黄瓜丝也挤出水（挤出的黄瓜汁留用）。

③ 将肉馅顺一个方向搅拌均匀，再调入香油，拌匀，放一旁或冰箱里腌制 20 分钟。

④ 面粉和 2 克盐混合均匀，加入黄瓜汁，再添加水（黄瓜汁和水共用 210 毫升），揉成光滑柔软的面团，扣上面盆，醒发 30 分钟。

⑤ 将泡软的海米切成细末状。将攥掉水的黄瓜丝切碎。将洋葱切碎，攥掉水。

⑥ 将面团揉搓成条，分切成若干个小剂子，擀成饺子皮。

⑦ 将肉馅、黄瓜碎、洋葱碎、海米碎混合，调入花生油和 5 克盐，混合均匀。

⑧ 包好饺子生坯，下入开水锅中煮熟即可。

厨房窍门

① 洋葱提前放入冰箱冷藏，最好提前一夜放进去，可以避免切时辣眼睛。

② 要充分利用挤出的黄瓜汁，肉馅里、面皮里都可添加，既能避免浪费又能充分保留营养。

69 金银双色饺

 难度：★ ★ ☆

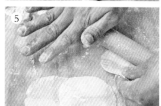

主料

●面团
A：面粉 200 克，胡萝卜泥 80 克
B：面粉 200 克，盐 1 克，清水 105 毫升
●馅料
小白菜 400 克（焯后约 200 克），韭菜 100
克，猪腿肉 200 克，海米 30 克

调料

A：盐 1 克，清水 30 克
B：盐 1 克，清水 105 克
其他：黄酒适量，姜末 5 克，料酒 5 毫升，
　　　生抽 5 毫升，香油 5 毫升，盐 2.5
　　　克，花生油 10 毫升

制作方法

① 将 A 和 B 的主料和调料分别混合，揉
　成光滑柔软的面团，覆盖松弛 30 分钟。
　海米用没过它们的黄酒浸泡 20 分钟，
　捞出，擦干，切碎。
② 小白菜清洗干净，去掉根部，锅中烧开
　足量的水，放入小白菜焯两分钟，捞出，
　用凉水冲凉，攥水，切碎。韭菜择洗干净，
　切碎。
③ 猪腿肉剁成肉馅，调入姜末、料酒、生抽，
　然后少量多次地加入水，搅拌至肉馅顺
　滑不干涩，倒入香油，拌匀，腌制 20 分钟。
　向腌好的肉馅中加入小白菜碎、韭菜碎、

海米碎，调入花生油和盐，拌匀。
④ 将面团 A 和 B 揉成同样粗的长条。将两
　股粗条的一端捏合，紧密缠绕在一起后，
　再将末端捏合，均匀揉长。
⑤ 将双色面条分切成若干个小剂子，擀成
　饺子皮。
⑥ 饺子皮中包入馅儿。
⑦ 将饺子皮对折捏合，捏出匀称的边缘。
⑧ 将饺子生坯边缘向内翻，左右两端收拢，
　捏合成元宝状生坯。依次做完其他饺子
　生坯，入开水锅煮熟即可。

70 鲜肉萝卜饺

难度：★★☆

主料

面粉 300 克，清水 158 毫升，白萝卜 1000 克，韭菜 100 克，海米 30 克，猪肉 200 克

调料

姜末 5 克，料酒 20 毫升，生抽 30 毫升，花生油 30 毫升，香葱 1 根，香油 5 毫升，盐 5 克

制作方法

① 面粉和清水混合均匀，揉匀揉透成光滑的面团，覆盖，放置一边松弛，备用。

② 猪肉剁成肉馅，调入 15 毫升料酒、生抽、姜末，少量多次加水，搅匀成滑润不干涩的状态即可。加入 15 毫升花生油，拌匀，腌制 20 分钟。海米用没过它们的温水（水里倒 5 毫升料酒）泡发 20 分钟。

③ 白萝卜去皮，洗净，擦成丝。锅中烧开足量的水，下白萝卜丝，焯 2 ~ 3 分钟。

④ 捞出焯好的萝卜丝过凉水，挤干水，放

在案板上粗剁一下，再挤掉多余水，放入盛肉馅的盆里。韭菜择洗干净，切碎，放入盆里。海米切碎，香葱切碎，一起放入盆里。

⑤ 调入剩下的花生油、香油和盐，拌匀成饺子馅。

⑥ 取出面团，搓成长条。

⑦ 将面条均匀切成若干个小剂子，将剂子先整圆再按扁，逐个擀圆，擀薄成饺子皮。

⑧ 饺子皮中包入馅料，捏合，挤成饺子生坯，下开水锅中煮熟即可。

制作关键

① 白萝卜入馅儿之前尽量挤干水分，不然口感会湿哒哒的。

② 没有海米，可以用剁碎的虾皮替代。

71 香芹豆腐干猪肉水饺

难度：★ ★ ★

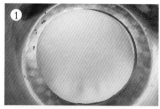

主料

香芹 500 克，猪肉 200 克，豆腐干 150 克，面粉 800 克，清水 550 毫升

调料

花生油 50 毫升，香油 10 毫升，盐 8 克，白糖 5 克，胡椒粉 5 克，料酒 15 毫升，酱油 5 毫升，葱末、姜末适量

制作方法

① 面粉中分次加入清水，和成软硬适中的面团，盖湿布醒 15 分钟后揉匀，再醒 10 分钟。

② 猪肉剁碎，加料酒、胡椒粉、酱油、葱末、姜末、5 克盐调匀，腌制 5 分钟。

③ 香芹焯烫 1 分钟，捞出，置冷水中降温后切末，挤干水（挤出的芹菜汁留用）。

④ 豆腐干切末，与香芹末一起放入盆中。

⑤ 将芹菜汁分次加入肉馅中，用筷子搅打上劲。

⑥ 起油锅，爆香葱末、姜末，放凉。放入香芹末、肉馅、豆腐干末，加白糖、香油和 3 克盐，调成馅料。

⑦ 将醒好的面团再次揉匀，分割为 3 份，分别搓成长条，分成剂子。

⑧ 将剂子按扁，擀制成饺子皮，包入馅料，捏成饺子生坯，下锅煮熟即可。

制作关键

① 饺子面团要醒到位，做好的饺子皮才会光滑、有韧性。

② 饺子收口要严，在饺子下入锅后的前 30 秒不要翻动，等饺子皮定型后再用漏勺沿锅边轻轻推动，这样饺子就不会破皮了。

③ 香芹梗非常细嫩，香味比普通芹菜更浓。做饺子馅时香芹叶也不用去掉。

④ 猪肉馅加芹菜汁后一定要搅打上劲，使汁水完全渗入肉馅中，这样饺子馅才不会出汤，且煮熟后的饺子多汁鲜嫩，不会干巴巴的。

⑤ 芹菜汁加入肉馅中时要注意用量，以免过量致饺子馅太稀。通常 500 克肉馅可以加 250 克左右的水或者菜汁。

⑫ 豆腐韭菜水饺

🔊 难度：★ ★ ☆

🌿 **主料**

面粉 500 克，清水 235 毫升，韭菜 300 克，豆腐 250 克，水发黑木耳 40 克，鸡蛋 2 个

🧂 **调料**

盐 5 克，白糖 3 克，香油 5 毫升，花生油适量

🥢 **制作方法** •

① 面粉中分次加入水，搅拌成雪花状。

② 揉匀成面团，加盖醒 30 分钟。

③ 鸡蛋磕入碗中搅散，倒入热油锅内炒熟，盛出放凉。

④ 豆腐切小丁。另起锅，加适量花生油，放入豆腐丁，煎至表面微黄，放凉。

⑤ 韭菜洗净后控干水，切碎。水发黑木耳切碎。

⑥ 把炒鸡蛋放入煎豆腐丁的锅内，用铲子铲碎。

⑦ 放入韭菜碎和香油拌匀，再放入黑木耳碎、盐、白糖拌匀成饺子馅。

⑧ 将醒好的面团搓成条，分割成剂子。将剂子压扁后擀成饺子皮。取一个饺子皮，中间放入适量的饺子馅压实。

⑨ 包成月牙形的饺子生坯。包好所有饺子生坯。

⑩ 锅内放入足量的水烧开，下入包好的饺子生坯，煮至饺子浮起，内部充满气体时捞出即可。

茴香鸡蛋酱香水饺

 难度：★★☆

🌿 主料

茴香 250 克，鸡蛋 2 个，茶干 40 克，面粉 300 克，清水 150 毫升

🧂 调料

炸酱 15 克，香油 5 毫升，盐 2.5 克，白糖 1 克，花生油 20 毫升

✏️ 制作方法

① 茴香择洗干净（留一小朵最后装饰用），放入开水锅中焯烫 3 ~ 4 分钟后，捞入冷水中降温。

② 鸡蛋磕入碗中打散，放入烧热的油锅内炒熟，用铲子铲碎。

③ 茶干切小粒。茴香挤干水分后切碎，再次挤出多余的水。

④ 将茴香碎、茶干粒、炸酱放入炒鸡蛋锅内，加盐、白糖、香油拌匀成馅。

⑤ 面粉分次加入清水，搅拌成雪花状，再揉成均匀的面团，醒 15 分钟。醒好的面团搓成条，分割成剂子。把剂子按扁后擀成圆形的饺子皮。

⑥ 饺子皮放在手心，中间放入馅料压实。

⑦ 包成半月形的饺子生坯。

⑧ 包好所有饺子生坯。锅内放足量水烧开，下饺子生坯煮熟，捞出，放上一小朵茴香装饰即可。

74 **水晶鲜虾饺**

难度：★★☆

主料

● 面团

澄粉 70 克，玉米淀粉 20 克，开水 100 毫升，猪油 2.5 克

● 内馅

海虾 150 克，肥猪肉 15 克，甜玉米粒 40 克，盐 2.5 克，胡椒粉 1.25 克，香油 5 毫升

制作方法

① 澄粉和玉米淀粉混合均匀，倒入开水，用筷子搅拌均匀成雪花状。

② 稍凉以后用手揉成面团，放入猪油再次揉匀，盖湿布醒 15 分钟。

③ 肥猪肉切碎，海虾去头、壳和虾线，剁成小粒，与切碎的肥猪肉混合搅匀。

④ 肥猪肉、虾肉、甜玉米粒和盐、胡椒粉、香油搅拌均匀成馅。

⑤ 醒好的面团再次揉匀，搓成长条，均匀地切成 6 等份，制成面剂子。

⑥ 将面剂子按扁后用擀面杖轻轻地擀成中间厚、边缘薄的饺子皮。

⑦ 面皮中放入调好的馅料，包成水晶饺生坯。

⑧ 水晶饺生坯放在抹过油的蒸箅上，入锅大火烧开，转中火蒸 4 分钟即可。

75 牛肉蒸饺

难度：★ ☆ ☆

🌿 主料

牛肉 300 克，芹菜 400 克，面粉 400 克，澄粉 50 克，沸水 330 毫升，五花肉 120 克，洋葱 100 克

🧂 调料

料酒 5 毫升，五香粉少许，生抽 15 毫升，香油 15 毫升，花椒水约 120 毫升，姜末 5 克，花生油 15 毫升，盐 7.5 克，淀粉 15 克

⚖ 配料

玉米叶若干张

✏ 制作方法

① 将玉米叶洗净，蒸干后剪成小长方形待用。澄粉中边冲入 50 毫升沸水边快速搅匀，稍凉后揉成澄面团。面粉中冲入 280 毫升沸水，快速搅匀，揉成面团，再加入澄面团，一起揉匀，松弛 20 分钟，再揉光滑。

② 牛肉和五花肉分别剁成肉馅。将两种肉馅混合在一起，调入料酒、姜末、生抽、五香粉。

③ 少量多次地边搅拌边加入花椒水，拌至细滑，加入淀粉搅匀，再加入香油拌匀，

腌制 20 分钟。

④ 芹菜切碎，洋葱切碎，全部倒入肉馅中，加入花生油和盐，混合搅匀。

⑤ 将松弛过的面团取出来，揉成光滑柔软的面团。将面团搓成长条，分成若干个小剂子，擀成薄面皮。

⑥ 面皮中包入馅料，对折捏合边缘，收口向内收拢一下成蒸饺生坯。做完所有蒸饺生坯，每一个都放在一张玉米叶上，开水上屉，大火蒸 10 分钟即可。

76 萝卜素馅蒸饺

 难度: ★★☆

🌿 主料

面粉 300 克,沸水 225 毫升,青萝卜 400 克,洋葱 120 克,鸡蛋 3 个,粉丝 30 克

🧂 调料

盐 4 克,姜末 5 克,虾皮粉 15 克,花生油 10 毫升,香油 5 毫升

🥢 制作方法

① 面粉中边冲入沸水边搅匀,揉成面团,覆盖松弛。

② 青萝卜清洗干净,擦成丝。锅中烧开水,放入粉丝,焯两分钟后捞出投入凉水里过凉。锅中继续倒入萝卜丝,焯两分钟,捞出过凉后切碎。

③ 洋葱切细碎,鸡蛋打散。炒锅入花生油(调料用量外),油热后倒入洋葱碎,小火炒至透明。

④ 锅中调入 1 克盐,倒入蛋液,炒碎,待蛋碎八成熟,关火,放凉,即成洋葱蛋碎。

⑤ 将凉水中的粉丝捞出,沥水,切碎,和萝卜丝、洋葱蛋碎一起放入盆里。

⑥ 调入姜末、虾皮粉、3 克盐、花生油和香油,拌匀成馅料。

⑦ 取出面团搓成长条,切成平均约 30 克一个的小剂子,擀开,包入馅料。

⑧ 先将皮对折,中间捏合,再两边各向内打两个褶子。捏紧面皮边缘,整理好形状。依次做完其他蒸饺生坯,开水上锅,大火蒸 8 ~ 10 分钟即可。

77 西葫芦蒸饺

 难度：★ ★ ☆

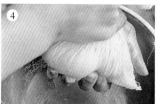

🌿 主料

澄粉 30 克，面粉 300 克，沸水 240 毫升，猪肉 250 克，西葫芦 750 克，泡发木耳 120 克

🧂 调料

姜末 5 克，生抽 5 毫升，五香粉 1 克，料酒 5 毫升，香油 10 毫升，花生油 10 毫升，盐 5 克，虾皮 30 克，大葱 15 克

🍚 配料

玉米叶若干张

🥢 制作方法 ·

① 将玉米叶蒸熟后凉干，剪成小长方形，待蒸时用。澄粉中边冲入 30 毫升沸水边快速搅匀，稍凉后揉成澄面团。

② 面粉中冲入 210 毫升沸水，快速搅匀，揉成面团，再加入澄面团，一起揉匀（面团揉不光滑没关系），扣上盆，松弛 20 分钟。

③ 将猪肉切小丁，调入姜末、生抽、五香粉、料酒，搅拌均匀，并慢慢加入约 15 毫升水，搅拌至润滑不干涩，加入香油，拌匀，腌制 20 分钟。

④ 西葫芦洗净，去头去尾，擦成细丝。将西葫芦丝放入纱布中，挤出水取出待用。

⑤ 泡发木耳洗净，去根，切碎。大葱切碎。将西葫芦丝、木耳碎、虾皮、葱花和肉馅混合，先加花生油拌匀，再调入盐，拌匀成馅。

⑥ 将松弛过的面团取出来，揉成光滑柔软的面团，搓成条，分成若干个小剂子，擀成薄面皮。

⑦ 面皮中包入馅料，对折捏合边缘，收口向内收拢一下，如此包完所有蒸饺生坯。

⑧ 大火烧开锅中的水，每张蒸饺生坯都垫上一张玉米叶，开水上屉，大火蒸 12 分钟即可。

78 翡翠花式蒸饺

主料

● 面皮

面粉 250 克,澄粉 40 克,沸水 220 毫升,
菠菜 50 克

● 馅料

任意素馅

制作方法 ·

① 菠菜择洗干净,入沸水锅中焯 1 分钟,
捞出,用凉水冲凉后攥干水。取 20 克
菠菜叶用蒜臼捣碎成泥。

② 澄粉中边冲入 40 毫升沸水边快速搅匀,
揉成澄面团。

③ 面粉中冲入 180 毫升沸水,快速搅匀,
揉成面团,再加入澄面团,一起揉匀,
再加入菠菜泥。

④ 将菠菜泥和面团用手抓匀,揉成均匀的
菠菜面团,覆盖,松弛 20 分钟。

⑤ 将面团搓成长条,切成均匀的小剂子。
将面剂子分别擀成薄圆皮。

⑥ 将面皮一面均匀沾些生面粉(防粘),
翻面,将边缘向内折,折成类似等边三
角形的形状,但不要出现尖角,留点空隙。

⑦ 将面皮翻过来,放上馅料,自三个角的
两边分别捏合到中心处。

⑧ 将折下去的边缘翻上来形成凹槽状。将
中间捏合的那条褶子处理出花边。

⑨ 依次捏出三道花边。

⑩ 将翻上来的三块面皮边缘,向中心处捏
合到一起即成蒸饺生坯。依此做好其他
蒸饺生坯,铺垫上屉,大火蒸 10 分钟
即可。

有 馄
汤 饨
有
馅

馄饨的造型 🔊

元宝形馄饨

✏️ **制作方法** ·

① 取一张馄饨皮，将适量馅儿放在中间偏下的位置。

② 抬起面皮稍偏下的底边，翻上来覆盖住馅料，在上边偏下的位置捏紧。

③ 上面的面皮翻下来盖住馅料部分，两端向内收紧捏合成元宝形。

海螺形馄饨

✏️ **制作方法** ·

① 取过一张馄饨皮，对角线中心略靠下部分放上适量馅料。

② 偏离对角线方向对折，使其错开仍是四个角。

③ 放在案板上，围着馅儿压紧面皮。

④ 将上方多余面皮折上来，左右两端在前方捏合。

⑤ 即成海螺形馄饨生坯。

80 卷心菜馄饨

主料
雪花粉 400 克，盐 3 克，清水 200 毫升，猪肉 150 克，卷心菜 150 克，韭菜 50 克，水 500 毫升

● 馄饨小料
紫菜、香菜、榨菜末、虾皮、胡椒粉根据个人口味各适量

调料
姜末 5 克，料酒 5 毫升，海米 10 克，生抽 5 毫升，盐 3 克，花生油 10 毫升，香油 5 毫升，大葱、大骨汤各适量

特殊工具
搅拌机，食品加工机

制作方法
① 将雪花粉、主料中的盐、水混合后制成馄饨皮。将海米放入搅拌机干磨杯。
② 按键，将海米打成细粉末。
③ 五花肉洗净，沥干水，切成大块，放入食品加工机的搅拌杯中，搅打成肉馅，打八成碎即可。
④ 将择洗干净的卷心菜撕成片，韭菜切段，一起放入搅拌杯，加入海米粉、姜末、料酒、生抽、3 克盐、花生油和香油。
⑤ 按键将食品加工机内的食材搅打均匀，即成馄饨馅料。
⑥ 逐个用馄饨皮将馅料包好，制成馄饨生坯。
⑦ 将馄饨生坯下锅煮熟。将所有馄饨小料放在大碗里。
⑧ 提前将大骨汤炖好，些时用另一个锅热开，盛一勺沸开的汤浇开小料。将煮好的馄饨，连同适量汤一起盛入碗里即可。

81 鸡汤海鲜馄饨

难度：★ ★ ☆

主料

● 馄饨

猪肉 235 克，新鲜扇贝肉 150 克，鲜虾 10 只，韭菜 240 克，馄饨皮适量

● 汤

鸡汤 200 毫升，紫菜 1 小把，鸡蛋 1 个，榨菜、香菜各适量

调料

● 馄饨

姜末 10 克，生抽 15 毫升，料酒 15 毫升，胡椒粉 3 克，花生油 30 毫升，盐 5 克，香油 5 毫升

● 汤

虾皮 5 克，味极鲜酱油 10 毫升，盐 5 克，香油 1 毫升，胡椒粉 3 克，花生油少许

馄饨制作方法

鸡汤海鲜馄饨制作方法

① 猪肉剁成肉馅。扇贝肉粗剁成小粒状。鲜虾去壳，取虾仁，洗净，也粗剁一下。将三者混合做成肉馅。

② 肉馅中倒入料酒、生抽、胡椒粉拌匀，再倒入 15 毫升花生油，拌匀，腌制 20 分钟。

③ 韭菜择洗干净，切碎，加入肉馅中，调入盐、15 毫升花生油、香油，拌匀成馅料。

④ 馄饨皮中包入馅料，制成馄饨生坯。

⑤ 鸡蛋打散，加少许盐打匀。锅烧热，抹少许花生油，倒入蛋液，转开，煎成薄蛋皮，取出切成丝待用。

⑥ 大煮锅中倒入足量的水烧开，下入馄饨生坯煮熟。另起一小煮锅，放入鸡汤，烧开。

⑦ 紫菜撕碎，榨菜、香菜、虾皮分别切碎，和蛋皮丝一起放在一个大汤碗里，调入酱油、胡椒粉、香油，浇入烧开的鸡汤。

⑧ 把煮好的馄饨捞入汤碗里即可。

82 **蛋煎菠菜虾仁馄饨**

难度：★ ★ ☆

主料

雪花粉600克，清水305毫升，菠菜250克，猪后肘肉200克，鲜虾仁200克，泡发木耳50克

调料

姜末5克，料酒5毫升，生抽10毫升，盐7克，花生油10毫升，香油5毫升，鸡蛋2个，香葱1根

制作方法

① 将雪花粉、3克盐、清水混合，制成馄饨皮。猪后肘肉搅打成肉馅，鲜虾仁也搅打成馅儿。

② 将搅打好的猪肉馅、虾仁馅混合在一个盆里，调入姜末、料酒、生抽，分几次少量加入水，顺一个方向搅至能搅开即可。

③ 菠菜洗净，焯烫半分钟，捞出投入冷水中，彻底浸凉后捞出，攥干水。

④ 将菠菜、木耳分别切碎，依次放入肉馅中，调入3克盐、少许花生油和香油，搅匀。馄饨皮中包入馅料，制成馄饨生坯。

⑤ 平底锅中倒入少许花生油抹匀，摆上馄饨，略煎。

⑥ 倒入开水到馄饨高度的1/3处。盖上盖子，用中小火水煎。

⑦ 香葱切葱花，和鸡蛋一起打散，调入1克盐，打匀，倒入还剩一层水的锅里。

⑧ 盖上盖子，小火煎至蛋熟。顺锅边淋入少许花生油，转动锅，让食材底部渗入花生油，再略煎一下开盖，自底部铲出摆盘即可。

83 虾笋鲜肉小馄饨

难度：★★☆

主料

小黄瓜（切片）1根，蛋皮（切丝）1张，馄饨皮60张，五花肉馅200克，鲜虾5只，笋丁60克，清水25毫升

调料

虾皮10克，葱末、姜末10克，盐适量，淀粉5克，胡椒粉0.4克，鲜味酱油15毫升，五香粉0.5克，香油5毫升，熟花生油15毫升，香葱（切末）1根，醋5毫升

制作方法 ·

① 将虾去头、壳、虾线，切成粒，加入0.2克胡椒粉、2克盐及淀粉抓匀，腌渍入味。

② 将葱末、姜末放入五花肉馅中，加入鲜味酱油、五香粉、香油腌渍入味。

③ 将腌好的肉馅中少量多次加入25毫升水，用筷子不断地顺时针搅拌，使肉馅将水全部吸收，放入腌好的虾粒和笋丁，搅拌均匀。

④ 加入3克盐调味，倒入熟花生油搅拌均匀。

⑤ 将馅料放到馄饨皮中。

⑥ 将馄饨皮沿对角线折起，蘸少许凉水将边捏合。

⑦ 将两个角蘸水后捏起来即可。

⑧ 锅中水烧开后放入馄饨生坯，煮至馄饨漂浮、成熟，放入黄瓜片、蛋皮丝、虾皮，加入适量盐、香油、醋和0.2克胡椒粉调味即可。

制作关键 ·

① 虾肉和五花肉馅要分别腌制入味。

② 加入的水、熟花生油以及虾粒、笋丁都可以使五花肉馅不柴。

③ 市售的馄饨皮淀粉较多，包的时候要蘸清水捏合，以免开口。

84 鲜虾豌豆小馄饨
 难度：★ ☆ ☆

主料
鲜虾 200 克，鲜豌豆 100 克，鸡蛋 1 个，馄饨皮适量

调料
生抽 5 毫升，盐 3 克，白胡椒粉 2 克，香油 5 毫升，虾皮、香菜各 5 克，姜末 30 克，葱花 20 克，紫菜适量

制作方法

① 鲜虾洗净，去头、壳、虾线，剁碎，制成虾肉馅。
② 虾肉馅中放入鸡蛋、白胡椒粉、盐、葱花、姜末，用筷子顺着一个方向用力搅拌，直至虾肉馅上劲即可。
③ 鲜豌豆余水后沥干水，拌入虾肉馅里。
④ 取一片馄饨皮，在上面放少许馅，然后对折，将下面两个角重叠压住，捏紧，一个馄饨生坯就包好了。用此法将所有馄饨生坯包好。
⑤ 锅中倒入适量水大火烧开，放入馄饨，等到再次开锅后转中火，煮至馅熟。
⑥ 取一只碗，放入香油、虾皮、紫菜、香菜、生抽，然后连汤带煮好的馄饨一起倒入即可。

制作关键
尽量避免选择冰冻的虾仁，一是解冻后分量会减少，二是可能不新鲜。

85 豆皮薹菜蒸馄饨
 难度：★ ☆ ☆

主料
薹菜 500 克，豆腐皮 150 克，山鸡蛋 3 个，馄饨皮 1000 克

调料
盐 4 克，白糖 3 克，熟花生油 30 毫升，香油 5 毫升，花生油适量

制作方法

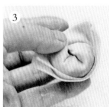 

① 薹菜洗净后放入开水锅内烫软，捞入冷水中降温，捞出控干，切碎，挤去多余的水。山鸡蛋打入碗中搅匀。平底锅刷花生油烧热，倒入蛋液摊成鸡蛋皮，切碎。豆腐皮切碎。
② 把薹菜碎、鸡蛋碎、豆腐皮碎、盐、白糖放入盆中，再倒入熟花生油、香油拌匀成馅料。
③ 馄饨皮放入手心，中间放入馅料。将馄饨皮对折，包住馅料，把馄饨皮折边的两端抹些清水，捏在一起。
④ 蒸锅加水烧开，蒸箅刷一层油，上面放上馄饨生坯，加盖后大火蒸 5 分钟即可。

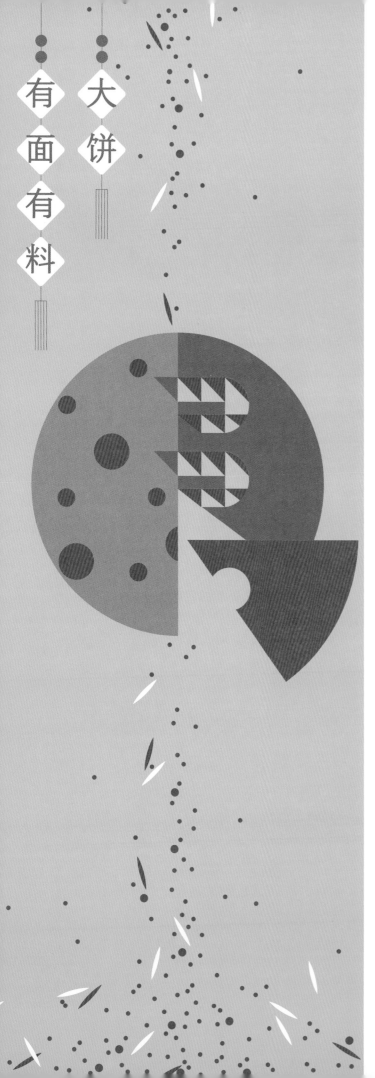

有面有料

大饼

86 健康油条　　　 难度：★ ★ ☆

🌿 **主料**

A：高筋面粉200克，酵母2克，牛奶208克

B：面粉100克，食用碱2克，盐4克

✏️ **制作方法** ·········

① 将A的所有原料混合均匀。覆盖保鲜膜，发酵至面团鼓起约三倍大，表面可见发酵气泡，但闻起来不酸。将食用碱用刀碾细。再和B的面粉、盐充分混合均匀，倒入发酵好的A中。

② 将面团混匀，揉至面筋可以延展开，收圆成光滑的面团。再次覆盖发酵至2~3倍大。将案板上刷油，取出发酵好的面团，顺势抻长成长条形，用手拍的方式（或擀面杖稍加擀制）整理成长方形，厚度5毫米左右。

③ 将长方形面团分切成宽3厘米左右的小段。两个一组，摞起来（光滑面都朝外），醒发30分钟，至生坯明显松软并鼓胀。筷子用油先抹一下，再纵向压一下生坯。

④ 锅烧热，倒入足量的油，烧至七成热（插入筷子，马上会有小油泡上来），取一个生坯，略抻长，两头向相反方向扭一下，放入油锅，不断翻动炸至两面金黄上色均匀即可沥油出锅。

87 合饼

难度：★★☆

 主料

面粉 200 克，沸水 140 毫升，熟鸡蛋条少许，肉丝适量，胡萝卜丝适量

调料

花生油 15 毫升，葱丝少许

制作方法

① 将沸水冲入面粉中，快速搅拌均匀，揉成团，覆盖，松弛 20 分钟。将松弛好的面团揉成条，分切 8 等份制成面剂。

② 将面剂稍整圆，拍扁成圆饼。

③ 两个一组，将其中一个表面和侧边刷油，放到另一个饼上。

④ 用擀面杖擀成圆形薄皮（尽量擀薄）。

⑤ 平底锅烧热后，不倒油，将饼皮放入，中火烙。

⑥ 饼面见鼓起小泡时，翻面，再鼓起并两面都有均匀金黄色"麻点"时，即可出锅。（烙的过程中，应盖上锅盖防止水分过多流失。）

⑦ 出锅装盘，将两张饼撕开分离，再盖上棉布或放进锅里盖好锅盖，"保温保湿"。

⑧ 取一张饼，放上各种配菜，卷起吃即可。

制作关键

① 面粉被沸水烫过，所以很易熟，烙制的火候不能太小，以免加热时间延长导致水分流失增加，口感偏干。每家的炉灶、锅具不同，自己掌握着火候，一般下锅后十几秒钟左右即可翻面，约为一分钟一组饼。

② 烙饼时，抓紧快速擀下一组，基本上一组出锅，下一组就可以跟上进锅了。如果担心擀的速度跟不上，可以提前将饼都擀好了再逐个烙。

88 发面油酥大饼

 难度：★ ★ ☆

🌿 主料

A：面粉 200 克，清水 120 毫升，酵母粉 3 克
B：面粉 48 克

🧂 调料

花生油 40 毫升，白芝麻适量，盐 3 克

✒ 制作方法 •·········

① 将 A 的清水和酵母粉混合均匀后倒入面粉，揉成光滑柔软的面团，覆盖，发酵至两倍大。

② 向 B 的面粉里加入盐和花生油混合均匀成油酥。

③ 取出发好的面团，揉匀排气后，擀开擀薄即成面皮。将面皮上抹上油酥，如果抹不开，可掀起面皮对着油酥涂抹。

④ 抹匀后，从一端卷起，卷成长条状。

⑤ 卷好后向两端稍抻，再从两端对着盘成两个卷。

⑥ 抬起一个面卷覆盖在另一个面卷上面。

⑦ 芝麻摊在案板上，将面饼放在芝麻上，轻轻将面饼压薄，也将芝麻粘牢实，另一面也如此处理。做好的面饼松弛 20 分钟。

⑧ 平底锅涂抹些许花生油，将面饼放入，小火烙制。烙的过程中不断转动锅底位置，使受热和上色均匀。烙至两面金黄，按压侧面有弹性即可。

89 烫面葱油烙饼

难度：★★☆

主料

面粉 300 克，清水约 30 毫升，开水（80℃）约 180 毫升

调料

花生油 15 毫升，盐 5 克，葱花 30 克

制作方法

① 面粉中边冲入开水，边用筷子搅匀，再一点点加入凉的清水，用拳头不断将水"扎"入面团中，直至面团变得很软，覆盖面团，松弛半小时以上。

② 将面团分成两份。先取一份，均匀擀开成面皮，擀得越薄越好。

③ 在面皮上淋上油，抹匀，撒上盐，再抹匀，撒上葱花，从一端开始向里卷起，卷成长面条。卷好后，松弛 10 分钟，均匀地将面条轻轻地向两端抻长，但不要硬拽。

④ 从两端向中间盘起，制成两个等大的面卷。

⑤ 抬起一个面卷盖在另一个面卷上面。

⑥ 稍稍按压成饼坯，覆盖松弛 10 分钟。

⑦ 将饼坯均匀擀开擀薄，用同样方法做完另一份。

⑧ 平底锅烧热，倒入少许花生油均匀滑动，使之覆盖锅底，烧热后放入饼坯，中火煎半分钟至一面定型，翻面再煎一下。盖上锅盖，转中小火，待两面都上色均匀后，在锅里摔打饼促进热气散出使层次更分明，最后再用小火略烙，即可出锅。

90 葱油饼

难度：★★☆

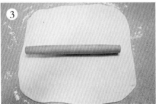

主料

中筋面粉 200 克，热开水 80 毫升，凉开水 30 毫升

调料

香葱（切葱花）30 克，盐 2.5 克，白胡椒粉 1.25 克，猪油 15 克，花生油适量

制作方法

① 面粉放入盆内（留少许擀面片待用），慢慢倒入热开水，用筷子迅速搅动，将面粉烫均匀，再倒入凉开水搅匀。

② 略放凉后用双手将烫过的面粉和成一个光滑的面团，盖上保鲜膜醒 10 分钟。

③ 案板上撒上留用的干面粉，将面团擀成 3 毫米厚的长方形面片。

④ 用两只大勺将猪油均匀涂抹在面皮上（猪油需先冻成半凝固的状态）。

⑤ 再在面皮表面撒上盐、胡椒粉，最后撒上葱花。

⑥ 将面皮从上面向下卷起，卷成长条状。切成等大的 6 段。

⑦ 用手将两端向尾端捏紧，成圆球状（注意不要让葱花露出）。盖上保鲜膜，醒 20 分钟。

⑧ 醒好的面团擀成 3 毫米厚的小圆饼坯。锅放油，用中小火烧热，放入小圆饼坯煎至表面微黄，翻面继续煎至表面微黄即可。

制作关键

① 擀饼坯的时候不要擀得太薄，否则做不出层次的效果。和烫面面团时注意不要被烫伤，开水下去后要放凉一会儿再开始和面。

② 在面皮内涂猪油能起出层次的效果，而且可以增加香气，这一步不可省略。

③ 煎饼时油适量放多一些，这样煎出来的饼更酥脆。煎的过程中用筷子在饼中间戳一个洞，可煎的更透，味道更好。

91 小米黄豆面煎饼

 难度：★ ☆ ☆

主料

小米面 200 克，黄豆面 40 克，清水 240 毫升，酵母粉 3 克

调料

白糖 60 克，花生油适量，大葱 5 克

制作方法

① 小米面、黄豆面、白糖、酵母粉放入面盆中。

② 用筷子将盆内材料混合均匀。

③ 倒入清水搅拌。

④ 直到搅拌成均匀无颗粒的糊状。

⑤ 加盖醒发 4 小时。

⑥ 将发酵好的面糊再次搅拌均匀。

⑦ 锅入花生油烧至四成热，用汤勺舀入面糊，使其自然形成圆饼状。

⑧ 开小火，将饼煎至两面金黄，将大葱切长段后，撕成细长条，与碎饼块一起点缀在摆好的饼上即可。

92 韭菜鸡蛋盒子饼

难度：★★☆

🌿 主料

韭菜 500 克，面粉 500 克，开水 130 毫升，凉水 150 毫升，鸡蛋 4 个

🧂 调料

花生油 45 毫升，香油 10 毫升，盐 7.5 克，白糖 2.5 克

✏️ 制作方法 •

① 面粉盆中加开水搅匀，再加凉水拌成雪花状，揉搓成均匀的面团，加盖醒 15 分钟，再次揉匀。

② 韭菜择洗干净后沥干水，切碎。鸡蛋打入碗中搅匀。锅烧热，放入花生油烧至八成热，倒入蛋液炒熟关火，用铲子铲碎后放凉。

③ 放凉的炒鸡蛋中放入韭菜，加香油拌匀，再放入盐、白糖拌匀成馅。

④ 醒发好的面团搓条后分割成 12 等份，

制成面剂子。面剂子分别搓圆后按扁，擀成长圆形的面皮。

⑤ 面皮中间放入适量韭菜鸡蛋馅。

⑥ 由下至上把面皮对折，边缘捏紧。用手在盒子边上一个压一个，捏出花边。即成盒子生坯。

⑦ 电饼铛预热，逐个放入包好的盒子生坯。先烙至表面微黄，刷一层油后翻面。

⑧ 另一面也刷一层油，再喷少许水。继续加盖烙至盒子两面金黄，即可出锅。

93 千层肉饼

 主料

面粉 200 克，温水（50 ~ 60℃）130 毫升，
五花肉 135 克

调料

姜末 5 克，料酒 5 毫升，生抽 10 毫升，
老抽 2.5 毫升，五香粉 1.25 克，蚝油 15
毫升，盐 2.5 克，淀粉 5 克，香油 5 毫升，
香葱 60 克，花生油适量，清水少许

制作方法

① 面粉中冲入温水，搅拌均匀，揉成光滑
柔软的面团，覆盖松弛 30 分钟以上。
五花肉绞成肉馅，其中加入姜末、料酒、
生抽、老抽、五香粉、蚝油、盐，分次
淋入少许水至可以搅拌顺滑即可，加入
淀粉搅匀，最后淋入香油拌匀，静置 10
分钟。香葱切碎，加入肉馅中，拌匀。

② 取过面团，搓成条，一头略粗。再擀开，
尽量擀薄。面皮上铺上肉馅，宽的那头
留出边缘不抹。端起较窄的一头，向较

宽的那头一层层叠起，边抻边叠，让面
皮更薄一些。

③ 叠到宽头边缘时，用多余的面皮包住。
捏紧边缘，覆盖松弛 10 分钟。

④ 轻轻擀开擀薄，制成肉饼生坯。

⑤ 平底锅烧热，锅底淋少许油抹匀，放入
肉饼生坯，中小火煎半分钟后，将表面
刷油。将饼翻面继续煎。

⑥ 盖上锅盖，中途翻面，煎至两面金黄、
上色均匀、面饼鼓起即可出锅。

94 蜜汁鸡肉馅饼

难度：★★☆

主料

● 面皮

高筋面粉 100 克，中筋面粉 100 克，酵母粉 3 克，牛奶 150 毫升，花生油 12 克毫升

● 馅料

鸡腿 2 只，洋葱 50 克

● 油酥

面粉 5 克，花生油 15 毫升

调料

蜜汁烤肉酱 30 克，料酒 5 毫升，生抽 5 毫升，盐 2.5 克，现磨黑胡椒粉 1.25 克，圆椒 35 克，香油 10 毫升，花生油 5 毫升，清水（装于喷壶中）20 毫升

制作方法 •

① 洋葱洗净，切丝。鸡腿去骨，洗净，用厨房纸擦干水。

② 在容器中先将蜜汁烤肉酱、料酒、生抽、黑胡椒粉和 1 克盐混合均匀。再放入鸡腿，混合抹匀，放入洋葱丝，抓匀，盖好放入冰箱冷藏一夜。

③ 取出鸡腿肉，鸡皮朝下，将鸡肉较厚处横向切两刀（不切断），防止烤时肉紧缩。鸡皮朝上放在烤网上，下面接铺好铝箔纸的烤盘。

④ 圆椒洗净，切丝，放入腌制鸡腿的容器中，和洋葱丝一起拌匀，倒入小烤盘中。烤箱 200℃预热好，放入鸡腿，烤 8 分钟，翻面，同时把菜盘放进去，一起再烤 5 分钟，取出。

⑤ 将烤好的鸡肉切成小块，和烤好的洋葱和圆椒一起放入大碗里，调入一半盐，混合拌匀成馅料。

⑥ 在盆中将酵母粉的牛奶混合均匀，倒入高筋面粉和中筋面粉，用筷子搅拌均匀，静置 10 分钟。用手蘸油（12 毫升）一点点用拳头"扎"入面团中，取出揉圆，再放入盆中发酵至两倍大。将油酥原料的面粉（5 克）与花生油（15 毫升）、盐混合成油酥。发酵好的面团取出后擀成薄薄的长方形面皮，刷上油酥，从一端叠起制成面条，切成 4 个等大的面团。取 1 份松弛好的面团，擀开，制成中间厚边缘薄的面皮。

⑦ 面皮上放上馅料。包起，收口处捏紧。做完所有，松弛 10 分钟，用手轻轻均匀将包坯压薄成馅饼，间隔排放在铺垫好的烤盘上，醒发 30 分钟。

⑧ 烤箱 230℃预热好，烤盘入烤箱喷两次水，以 230℃，烤 10 分钟左右即可。

95 茼蒿小煎饼

 难度：★ ★ ☆

🌿 **主料**

干海米 20 克，鸡蛋 3 个，面粉 200 克，开水 140 毫升，茼蒿 200 克

🧂 **调料**

大葱 10 克，盐 5 克，香油 10 毫升，花生油适量

✏️ **制作方法** •

① 大葱切碎末，干海米切碎末。茼蒿洗净，凉干。

② 将葱末、海米碎放入小碗里，浇入五六成热的油，搅拌均匀。

③ 面粉中倒入开水，搅拌均匀后揉成面团，装入保鲜袋。

④ 鸡蛋打成蛋液，锅中油热后倒入（留一大勺蛋液不炒），快速炒成蛋碎。

⑤ 茼蒿切细碎，将炒好的蛋碎倒入，再倒入拌好的葱和海米油，最后淋入剩下的蛋液，调入盐和香油，拌匀成馅料。

⑥ 面团搓成长条，等切成 20 克左右的小剂子，擀开擀薄成长方形面皮。

⑦ 靠面皮一边放上馅料。

⑧ 用面皮卷住馅料，叠起成长条包袱状，压住收口。电饼铛加热，两面抹油，将生坯放入，煎至两面上色均匀即可。

96 筋饼菜卷

难度：★★☆

🌿 主料

面粉 100 克，清水 56 毫升，猪肉 50 克，土豆 1/2 个，胡萝卜 1/2 个，麻椒（或青椒）1 个，泡发木耳 50 克，鸡蛋 1 个

🧂 调料

葱花适量，盐 4 克，料酒 10 毫升，生抽 10 毫升，胡椒粉 1 克，花生油适量

✎ 制作方法

① 面粉和清水混合，揉成光滑柔软的面团。猪肉切丝。土豆去皮，切丝，用清水洗几遍，捞出沥水。胡萝卜去皮，洗净切丝。木耳泡发洗净后，切丝。麻椒洗净切丝。鸡蛋充分打散，加入 1.25 克盐打匀，制成蛋液。

② 锅烧热，抹油，倒入蛋液，快速转着摊开成薄薄的蛋皮，两面煎至金黄上色，出锅，切成丝。

③ 锅中继续倒入适量油，烧热后，放入肉丝，炒至变色。

④ 下入葱花炒香，淋入料酒、生抽炒匀，倒入胡萝卜丝和木耳丝，炒 1 分钟。

⑤ 倒入土豆丝和麻椒丝，炒两分钟。调入剩下的盐和胡椒粉，炒匀，出锅，即成菜丝馅料。

⑥ 面团揉成长条，分切成 6 等份。分别将面剂摁扁，擀成薄薄的饼皮。

⑦ 锅洗净后，烧热，将饼皮放入，中火快速烙一下，鼓泡即可翻面，出锅后注意马上覆盖棉布保温保湿。

⑧ 摊开一张饼皮，铺上炒好的肉丝、菜丝、蛋皮丝，将底部先压上来，再从两侧盖压将其紧密包裹起来即可。

97 玉米烙

难度：★ ★ ☆

主料

甜玉米粒 250 克，水磨糯米粉 15 克，玉米淀粉 35 克，

调料

糖粉 5 克，花生油 15 毫升，蔓越莓适量，葡萄干适量

制作方法 •

① 葡萄干洗净，蔓越莓切碎备用。甜玉米粒煮熟，捞出，浸泡在水中，用手搓散后沥净水。

② 向装有甜玉米粒的盆中放入糯米粉和玉米淀粉，用手抓匀，使每粒甜玉米都沾上粉。

③ 锅烧热，放入少许油，把甜玉米粒平铺

在锅内，整理成圆形，小火煎至定型。

④ 沿锅边淋入油，使之没过玉米粒。

⑤ 开中大火，把甜玉米粒炸至酥脆。

⑥ 盛出后放在厨纸上吸去多余的油脂，表面筛上糖粉。

⑦ 撒入葡萄干和切碎的蔓越莓即可。

制作关键 •

很多女士去饭店时喜欢点这道甜菜，口感香甜酥脆，很受欢迎。回家自己做也很简单，现在市场上四季都有新鲜的甜玉米卖，煮熟了剥下玉米粒，裹粉后煎炸即可。最后加入蔓越莓碎粒和葡萄干，吃起来口感更加丰富。

香米饭
滋辣味

蜜汁鸡翅原汁拌饭 🔊 难度：★ ☆ ☆

🌿 **主料**

鸡翅中 6 个，姜丝 50 克，米饭 1 碗，蜂蜜 50 克

🧂 **调料**

蚝油 30 毫升，黑酱油 25 毫升

🫙 **配料**

黄瓜（切丝）1 根，黑芝麻少许

🥢 **制作方法** ⋅

① 鸡翅中两面各划 2 刀（方便入味，同时可以让鸡翅更易熟）。

② 油锅烧热，下姜丝炒片刻，放入鸡翅，煎至鸡翅两面微黄、肉熟。

③ 将蜂蜜、蚝油、黑酱油分别倒入锅中，加适量水，盖锅盖焖到汁收干即可盛出，黄瓜丝放放碗中，再撒上少许黑芝麻与米饭拌食。

99 黑胡椒培根拌饭  难度：★☆☆

主料
培根 6 片，米饭 1 碗

调料
黑胡椒粉 5 克，黄油 5 克，洋葱 50 克，杭椒 30 克

配料
生菜适量，黑芝麻少许

制作方法

① 杭椒洗净切小段。洋葱去皮，洗净，切丁。培根解冻。
② 锅置火上，放入黄油化开。
③ 放入培根略煎即出锅。
④ 锅内留底油，先爆香杭椒段和洋葱丁，再将煎好的培根倒入，撒黑胡椒粉，翻炒一会儿即可出锅，撒上黑芝麻，配上洗净的生菜与米饭拌食即可。

厨房窍门

① 建议还是购买切好的培根片，以免刀工不佳，切得薄厚不均，煎的时候很难掌握火候。
② 选用紫皮洋葱，让这道菜的色彩更丰富。

100 烧汁烤鸡腿拌饭 难度：★☆☆

主料
鸡腿 300 克，胡萝卜 100 克，西蓝花 80 克，米饭 1 碗

调料
味啉 20 毫升（多数超市有售），酱油 5 毫升，胡椒粉 3 克，白糖 2.5 克，蜂蜜 5 毫升

配料
玉米粒少许，笋尖适量

制作方法

① 玉米粒和笋尖分别煮熟，备用。鸡腿去骨，拍松，加入酱油、味啉、胡椒粉、白糖、蜂蜜混合，腌 30 分钟。
② 将腌好的鸡腿肉用铝箔纸包裹。
③ 放入烤箱中层，上下火均设为 180℃烤 8 分钟，打开铝箔纸，移到烤箱最上层，以 220℃再烤 4 分钟上色即可。
④ 西蓝花掰成小块；胡萝卜切片。将两者焯熟后摆放到鸡腿旁边，撒上熟玉米粒，放上笋尖与米饭拌食。

制作关键

鸡腿去骨，用刀背将取下来的肉不断敲打，拍散，但不要切断。

101 腊味酱油炒饭 🔊 难度：★☆☆

🌿 **主料**

米饭1碗，腊肠100克，紫洋葱50克，胡萝卜50克

🧂 **调料**

白糖3克，酱油5毫升，花生油10毫升

✏️ **制作方法** •

① 腊肠、胡萝卜和紫洋葱分别切丁。
② 把白糖和酱油放入小碗中，搅拌均匀（此举是为了方便，也可以在炒饭的时候把调料分别加入）。
③ 锅置于火上预热，倒入花生油烧热，倒入紫洋葱丁、胡萝卜丁、腊肠丁，大火炒香。
④ 倒入米饭翻炒片刻，然后加入调好的料汁，再次翻炒片刻就可以出锅了。

102 杂蔬炒饭 🔊 难度：★☆☆

🌿 **主料**

四季豆、土豆各150克，胡萝卜50克，香菇4朵，米饭2碗

🧂 **调料**

盐2.5克，生抽15毫升，色拉油5毫升

✏️ **制作方法** •

① 四季豆择洗干净；土豆、胡萝卜均去皮，洗净；香菇泡发好。将四季豆、土豆、胡萝卜、香菇分别切成小丁。
② 锅入油烧热，放入土豆丁、胡萝卜丁翻炒均匀。再放入香菇丁、四季豆丁，调入盐，炒匀。
③ 倒入白米饭，用铲子将米饭搅散。
④ 最后加入生抽，炒匀即可出锅。

👨‍🍳 **制作关键** •

四季豆不要炒得太软烂，爽脆才好吃。

103 三文鱼菠萝蛋炒饭

难度：★ ★ ☆

🐟 主料

挪威三文鱼 200 克，菠萝 1 个（约 800 克），米饭 300 克，什锦玉米蔬菜粒 100 克，黄瓜 50 克，葡萄干 20 克，麦仁 100 克，鸡蛋 2 个

🧂 调料

盐 7.5 克，白糖 5 克，胡椒粉 1.25 克，红酒 5 毫升，香葱（切末）10 克，水淀粉、花生油各适量

✏️ 制作方法 •

① 菠萝放平，横向从 1/3 处切下，切成一大一小的两瓣。用刀在大瓣的菠萝内侧直刀划一圈。用勺子把菠萝肉挖出来，成菠萝盅。

② 菠萝肉切丁。黄瓜去皮切丁。

③ 三文鱼切丁，放入盐、胡椒粉、红酒和适量的水淀粉。用手抓匀，腌制 10 分钟入味。

④ 什锦玉米蔬菜粒放入开水锅内焯烫 2 分钟后捞出。干麦仁用清水浸泡 3 小时，放入开水锅内煮 10 分钟捞出。

⑤ 将起油锅，油温升至四成热时，放入三文鱼丁滑炒至变色捞出。

⑥ 鸡蛋磕入碗中，搅打均匀成蛋液。油锅烧热，放入蛋液炒熟，盛出。

⑦ 另起油锅，放入米饭和麦仁，翻炒 3 分钟。

⑧ 把三文鱼、黄瓜、炒鸡蛋、什锦玉米蔬菜粒放入锅内。加 5 克盐、白糖翻炒 1 分钟。

⑨ 最后加入切好的香葱末、葡萄干炒匀即可。

⑩ 炒好的饭盛入菠萝盅内即可上桌。

104 **傣家糯米菠萝饭**

难度：★ ★ ☆

主料

长糯米200克,成熟菠萝1个,葡萄干20克,蔓越莓干15克,蜜红豆25克,杏仁碎(或腰果碎)少许

调料

冰糖15克,橄榄油15毫升

制作方法 •

① 将糯米洗净,用清水浸泡4小时,备用。冰糖砸碎备用。

② 菠萝如图横着切成一大一小两部分,大的准备做菠萝饭的容器,小的准备做盖子。

③ 先用小刀沿着菠萝果肉的边沿划一圈,再用汤匙挖出果肉,只留薄薄一层空壳。

④ 取小部分菠萝肉切碎,剩下的取一点榨成菠萝汁(大约10毫升左右)。泡好的糯米沥干水,加入菠萝碎、葡萄干、蔓越莓拌一下。

⑤ 将拌好的糯米装入菠萝壳内,装八分满即可,加入橄榄油和冰糖碎拌匀。

⑥ 再淋入10毫升菠萝汁,盖上菠萝盖,放入节能蒸锅中,注入冷水1.5升。

⑦ 盖上锅盖,大火煮至水开,转中小火蒸30分钟(普通蒸锅要大火蒸40分钟,注意不要烧干)。

⑧ 蒸好的菠萝饭出锅,撒上杏仁碎或腰果碎即可。

105 火腿蔬菜蛋包饭

 难度：★★☆

主料

鸡蛋 3 个，面粉 100 克，黄彩椒 1 个，黄瓜 1 根，米饭 2 碗，火腿肠 100 克

调料

盐 3.75 克，熟芝麻 1 大匙，炸肉酱适量

制作方法

① 黄彩椒和黄瓜洗净。将黄瓜、黄彩椒、火腿肠分别切成小拇指粗细的条。

② 鸡蛋磕入碗中，搅成蛋液。将面粉和盐放入蛋液中，制成蛋液糊。

③ 蛋液糊中加 150 克水，用手动打蛋器搅打成无颗粒的面糊。

④ 平底锅烧热，用蘸了油的厨纸把锅底擦一遍保持锅底均匀沾油。再舀一些面糊倒入锅内，转动锅体，使面糊均匀地铺满锅底，煎成圆饼。

⑤ 小火煎至饼的边缘有些上翘时，翻面，再烙至饼微微发黄即可出锅。

⑥ 新煮熟的米饭放凉，至不烫手，放入盐和熟芝麻。用手把米饭抓匀。

⑦ 取一张蛋饼，在蛋饼中间抹少许炸肉酱，注意留出边缘不抹。

⑧ 放入约 50 克米饭，用手压平。

⑨ 米饭上放黄瓜、火腿、彩椒条。将蛋饼的下端向上翻折。

⑩ 再把两边向中间翻折。最后整个翻转即可。盘中铺一张生菜，将蛋包饭从中间切开即可完成一份。其余材料依照前面的步骤做好即可。

106 黑芝麻玉米肠饭团

难度：★★☆

主料
东北大米 200 克，玉米肠 100 克，黑芝麻 5 克，熟花生米 10 克，青椒 40 克，美人椒 1 个

配料
生菜适量

调料
盐 5 克，香油 10 毫升

准备工作
① 黑芝麻炒熟。熟花生米去皮，拍碎。
② 青椒、美人椒洗净，切成小粒。玉米肠也切成小粒。生菜洗净。

制作方法
① 大米洗净，加入适量的水，置大火上烧开，转中火煮，不断翻动，直到锅内没有水为止。
② 加盖，转微火焖制 15 分钟，开盖放凉或用风扇吹凉。
③ 米饭中先拌入盐，再倒入香油。
④ 然后加黑芝麻和花生碎。
⑤ 最后放入青椒、美人椒粒，用勺子搅拌均匀。
⑥ 取一张保鲜膜，中间放入约 80 克拌好的米饭。
⑦ 将保鲜膜收紧，压出饭团中的空气，并且用手搓圆。
⑧ 如果直接吃，盘中铺上生菜叶，去掉保鲜膜就可以装盘了。外出则可以带着保鲜膜，方便携带，吃的时候打开保鲜膜即可。

制作关键
① 做饭团的米饭比我们平常吃的要稍微硬一些，才易成形。
② 饭团一定要用手捏紧，以免吃的时候散开。

⑩ 蜜汁肉片米堡

 难度：★★☆

🌾 主料

大米 150 克，糯米 150 克，里脊肉 1/3 条，生菜适量

🍶 配料

蛋液适量、盐 1 克

🧂 调料

蜜汁烤肉酱 15 毫升，料酒 10 毫升，生抽 5 毫升，老抽 5 毫升，蜂蜜 10 毫升，盐 2.5 克，水 15 毫升，香葱 3 根，姜片 2 片，烧烤料 15 克，花生油适量

✕ 特殊工具

圆形模 1 个，烤盘 1 个，防粘高温布 1 张

🥢 制作方法

① 糯米淘洗干净，浸泡 3 小时以上。大米淘洗干净，倒入电饭煲内锅，将泡好的糯米连水一起倒入，水的高度比煮大米饭时要低一点，按下"煮饭"键，煮好后闷 15 分钟左右。

② 里脊肉切成 1 厘米左右宽的肉块。将肉块摊开，用肉锤（或刀背）敲薄敲松。将敲松的肉块切成肉片。

③ 在小容器中放入蜜汁烤肉酱、料酒、生抽、老抽、蜂蜜、2.5 克盐和水，搅匀成腌料汁。

④ 将肉片放入料汁中，加入切段的香葱和姜片，搅匀，腌制 30 分钟。

⑤ 准备一碗水，一个圆形模（切模或煎蛋模都可以），一个底儿较大且能放进圆模的杯子，一个汤匙，一个烤盘，一张防粘高温布（铝箔纸或油纸也可以）。将防粘布铺在烤盘上，准备放米饼的地方抹点水，圆模内侧也浸些水（防粘）。将圆模放在烤盘上，中间填入米饭。

⑥ 用刷干净的杯底蘸些水，用力将米饭压实，再用汤匙背蘸水将形状整理均匀，并脱模制成米饼。

⑦ 蛋液中加 1 克盐打匀，刷在米饼表面，烤箱 180℃ 预热好，上层烤 5 分钟左右至蛋液凝固，取出。

⑧ 平底不粘锅烧热，倒入花生油，油热后，放入肉片。

⑨ 煎至肉片两面变色后，倒入剩下的料汁（包括葱姜），不断翻炒至料汁收浓。再撒些烧烤料，快速炒匀，关火。

⑩ 按"米饭饼—生菜—肉片—生菜—米饭饼"的顺序组合成米饭汉堡。

长面
长条
久久

乡间香肠原味面 难度：★ ☆ ☆

🌿 **主料**

鲜手擀面300克，香肠200克，生菜100克，绿豆芽50克

🧂 **调料**

蒜20克，生抽25毫升，花生油20毫升

💉 **制作方法**

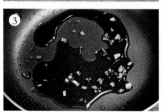

① 蒜切末。香肠洗净。生菜洗净，撕成小条。绿豆芽烫熟待用。

② 先在香肠上划上几道，便于入味。锅里放油，放入香肠，用小火慢慢煎熟，盛出。

③ 锅留底油，倒入蒜末、生抽炒成酱汁，下入香肠，煸炒至香肠入味，关火。

④ 汤锅内加入水，烧开后下入手擀面煮熟。将熟的绿豆芽铺在盘底，再将煮好的面捞出，放入盘中，上面摆上煎好的香肠，淋上汤汁即可。将生菜直接放在煮好的面上一起装盘。

109 酸汤番茄牛肉面  难度：★ ☆ ☆

主料

牛腩 300 克，鲜手擀面 250 克，番茄 200 克，穿心莲 50 克

调料

花生油 30 毫升，米醋、料酒各 20 毫升，生抽、老抽各 10 毫升，盐 5 克，肉蔻 1 个，番茄酱少许，八角 2 个，姜片 40 克，葱（切段）30 克

制作方法

① 牛腩洗净，切成麻将牌大小的块。番茄顶部用刀轻轻划上十字，放入沸水中烫片刻，取出剥掉皮，切块。

② 将牛腩块放入沸水中汆烫，撇去血沫，捞出洗净。

③ 油锅烧热，放入八角、肉蔻、葱段、姜片翻炒片刻，加入牛腩继续翻炒，依次烹入料酒、老抽、生抽炒匀。倒入砂锅中，加足量的开水，大火烧开，转中火炖 30 分钟，出锅盛到容器中。炒锅洗净后倒入油，加入番茄块，慢慢炒出汁，加入少许番茄酱炒匀。将刚才制好的牛腩倒入炒锅中，继续炖煮，等汤汁浓稠时调入盐、米醋，即可出锅。汤锅内加入水，烧开后下入手擀面煮熟（煮的过程中可稍微加一点儿盐，这样不会粘锅，而且煮出的面还很筋道）。将煮好的面捞出，与炖好的牛腩一起装碗，再配上焯烫好的穿心莲即成。

110 剁椒肥牛原味面  难度：★ ☆ ☆

主料

鲜手擀面 300 克，肥牛（切片）250 克，黄豆苗 50 克

调料

花生油 15 毫升，剁椒 150 克，蒸鱼豉油 30 毫升，豆豉 10 克，蒜 50 克，姜 30 克

制作方法

① 姜、蒜去皮，分别切成碎末。肥牛片用开水汆烫一下迅速捞出。

② 锅中加油烧热，放入姜末、蒜末爆香，下入剁椒炒出香味，倒入豆豉、肥牛片，浇入蒸鱼豉油，翻炒至所有食材上色均匀，即可出锅。

③ 汤锅内加入水，烧开后下入手擀面煮熟。将煮好的面捞出，与炒好的剁椒肥牛一起装盘。将黄豆苗洗净，用开水烫熟，盛入面条盘中即可。

制作关键

肥牛入水汆烫的时间一定要短，烫老了的肥牛不容易嚼烂。

111 韩国泡菜肥牛面

难度：★☆☆

主料
鲜手擀面300克,肥牛(切片)200克,韩国泡菜50克

调料
花生油20毫升，盐3克

制作方法

① 肥牛片入沸水锅中汆烫熟，捞出。

② 炒锅放油烧热，加入泡菜和汆烫过的肥牛，炒香后加盐，翻炒匀即可。

③ 汤锅内加入水，烧开后下入手擀面煮熟。将煮好的面捞出，与炒好的泡菜肥牛一起盛入碗中即可。

112 馄饨乌冬面

难度：★☆☆

主料
乌冬面约200克，鸡肉200克，虾仁100克，馄饨10个，青菜50克

调料
花生油15毫升，生抽5毫升，胡椒粉4克，盐4克，香油3毫升

制作方法

① 青菜洗净；鸡肉切片，备用。

② 炒锅烧热，倒入适量花生油加热，倒入鸡肉片，中火翻炒，加盐、胡椒粉调味，熟透后盛出备用。

③ 锅内倒入适量清水，煮开后放入馄饨、乌冬面，待煮至两者七分熟时加入虾仁，继续煮至食材熟透，加盐、生抽、香油、胡椒粉调味。

④ 青菜略烫，与面条及其他食材一同盛入碗中，放入炒好的鸡肉即可。

厨房窍门

可以在闲暇之时熬制一小盆鸡汤，冻在冰格里，每次吃面的时候拿出来一块，即为鸡高汤，放在锅里与面条同煮可提鲜。

113 牛排炒意面

难度：★★☆

🌿 主料
牛排（切条）150 克，意面 150 克，洋葱（切丝）1 个，西芹（切段）30 克

🧂 调料
蒜（切末）2 瓣，盐 3 克，白糖 10 克，生抽 20 毫升，黑椒汁 20 毫升，罗勒叶 3 片，橄榄油 50 毫升

✒️ 制作方法 ·
① 锅中烧开足量的水，倒入意面，煮 10 分钟左右。
② 意面捞出过凉开水冲凉，沥水备用。
③ 锅烧热，倒入橄榄油，先下蒜末小火炒香，再下洋葱丝、西芹段炒 1 分钟。

④ 倒入牛排肉翻炒一下。
⑤ 调入盐、白糖、生抽、黑椒汁炒匀。
⑥ 最后倒入意面和罗勒叶，炒匀入味即可。

114 胡萝卜青椒炒面

难度：★ ★ ☆

🌿 **主料**
煮熟的面条 500 克，青椒 50 克，胡萝卜 150 克

🧂 **调料**
大葱 10 克，盐 4 克，生抽 10 毫升，花生油 50 毫升

✏️ **制作方法**
① 先把熟面条抖散。
② 胡萝卜去皮切丝，青椒切丝，大葱切丝。
③ 起油锅爆香大葱丝。
④ 再放入胡萝卜炒至出红油。
⑤ 放入熟面条略炒。
⑥ 再放入青椒丝、盐、生抽翻炒至面条油亮有韧性，出锅。

👨‍🍳 **制作关键**
① 喜欢吃辣的可以放些干红辣椒面一起炒。
② 面条最好选粗面条，炒的时候不易断，口感也好。

115 鸡蛋酱拌胡萝卜面

难度：★ ★ ☆

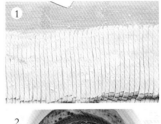

主料

● 手擀面

面粉300克，盐2克，胡萝卜泥72克

● 配菜

黄瓜1根，胡萝卜半根，烤花生一小把

调料

● 鸡蛋酱

五花肉丁100克，鸡蛋1个，豆瓣酱60克，甜面酱15克，料酒5毫升，香葱（切碎）1根，花生油50毫升，花椒5克

制作方法

① 将胡萝卜泥、82毫升清水和盐混合均匀，倒入面粉，揉成面团，先擀成大面片，均匀撒上生面粉，折叠几次，用刀切开等大的小条，抽长做成手擀面。

② 将豆瓣酱和甜面酱放入碗中，少量多次地加入约100毫升的水，轻轻调开调匀，备用。

③ 鸡蛋打散，锅中倒入花生油，小火烧热，下入鸡蛋液，用筷子快速搅成小碎粒状，至八成凝固即可盛出。

④ 锅烧热，加适量油烧热，此处可以撒5克花椒炒香，待快变色时捞出丢弃，倒入五花肉丁。

⑤ 将肉丁煸炒至变色后，倒入料酒炒匀，倒入调好的酱，烧开后，转小火熬煮约10分钟，尝一尝，根据口味决定是否放盐。

⑥ 将炒鸡蛋碎和香葱碎加入肉酱中，再煮3~5分钟即可盛出。

⑦ 黄瓜洗净，切成细丝。胡萝卜洗净去皮，切成细丝。烤花生去皮，擀碎。锅中烧开足量水，先倒入胡萝卜丝，焯烫1分钟，捞出。再下入面条，大火煮开，浇入一小碗凉水，再次煮开后即可关火。

⑧ 捞出面条，过一下凉开水即捞出，盛入碗中，加入黄瓜丝、胡萝卜丝、鸡蛋酱，撒上花生碎，拌开即可。

116 培根肉卷原味面  难度：★ ☆ ☆

主料

鲜手擀面 300 克，培根 200 克，火腿 70 克，葱末 50 克，蒜末 50 克

调料

料酒 20 毫升，生抽 10 毫升，盐 3 克，花生油 30 毫升，凉水一碗，小菜叶 2 颗

制作方法 •

① 火腿切成小段，卷入培根中用牙签固定，制成火腿培根卷。
② 锅烧热，倒入油烧至七八成热，将制作好的火腿培根卷放入锅中煎一下，然后放入蒜末，倒入少许水，加入盐、生抽、料酒，盖上锅盖烧 5 ~ 8 分钟即可。
③ 另起油锅，下入葱末、姜末，翻炒一下，再加入生抽和适量的水，大火烧开后放入煎好的培根卷，大火收汁即可。
④ 汤锅内加入水，烧开后下入手擀面煮熟。将煮好的面捞出，与培根肉卷一起摆盘，点缀小菜叶装饰。煎培根的汁浇在面上可以增添口味。

厨房窍门 •

煮面条时，可用筷子夹断面条观察断面是否有白心，如果没有，则表明面条已煮熟了。

117 茄汁金针菇肉丝米线  难度：★ ☆ ☆

主料

米线 300 克，猪肉 180 克，鲜金针菇 80 克，番茄沙司 80 克，豆腐皮 60 克

调料

盐 5 克，白糖 5 克，淀粉 5 克，料酒 5 毫升，大葱、姜、蒜、香菜（切末）、花生油各适量

制作方法 •

 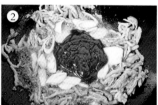

① 猪肉切成丝，用淀粉、料酒拌匀腌制 5 分钟。豆腐皮切丝，葱、姜、蒜切片，香菜切末，金针菇洗净切去根部。
② 起油锅，油温升至四成热时，放入肉丝滑炒至变色。放入葱、姜、蒜片和番茄沙司略炒。
③ 加足量的水大火烧 3 分钟，放入金针菇。放入豆腐丝再煮 2 分钟，加盐、白糖调匀，即成卤汁。
④ 另起一锅，加足量的水大火烧开，放入浸泡好的米线煮 2 分钟。捞出在开水中过一遍，捞入碗中，再浇入卤汁，撒香菜末即可。

制作关键 •

① 肉丝一定要先用淀粉拌匀再滑炒，口感才滑嫩。
② 米线煮好以后在开水中过一遍就会很滑爽。

118 鸡蛋韭菜炒沙河粉

难度：★★☆

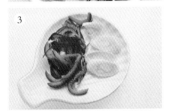

主料

干沙河粉 300 克，韭菜 250 克，鸡蛋 3 个

调料

大葱 5 克，红彩椒 15 克，盐 5 克，白糖 2.5 克，生抽 10 毫升，花生油适量

制作方法

① 干沙河粉用清水泡软。

② 韭菜择洗干净，切成段。

③ 红彩椒切丝，大葱切片。

④ 鸡蛋磕入碗中，搅打成均匀的蛋液。锅烧热，放入少许油烧至八成热，倒入鸡蛋液。用筷子搅散，把鸡蛋炒熟后盛出即成鸡蛋碎。

⑤ 另起油锅，爆香大葱片。放入浸泡好的沙河粉。再放入红彩椒丝和少量的水，炒至沙河粉变透明。

⑥ 放入韭菜段。再放入鸡蛋碎。加入盐、白糖、生抽调匀。

⑦ 翻炒至韭菜变色，立即出锅。

厨房窍门

春天吃韭菜首选红根韭菜，味道鲜嫩，口感极好。

119 台湾炒米粉

 难度：★ ★ ☆

🌿 **主料**

新竹米粉2小包，猪里脊肉50克，包菜
30克，鸡蛋1个，胡萝卜、水发香菇、
韭菜各20克

🧂 **调料**

A：生抽、料酒各3毫升，玉米淀粉5克，
　　花生油5毫升
B：生抽15毫升，盐、白糖各3克，高汤
　　（或清水）1杯，花生油10毫升

🥢 **制作方法** •

① 猪里脊肉、包菜、胡萝卜、水发香菇分
　别洗净，切条。韭菜洗净，切段。鸡蛋
　打散后，用平底锅煎成蛋皮，切条。新
　竹米粉用冷水浸泡半小时。猪里脊肉条
　加入调料A抓拌均匀，腌制15分钟。

② 锅入油烧热，放入猪肉条炒熟，盛出，
　备用。

③ 锅再次入油烧热，放入香菇条炒香，再
　放入包菜条略炒。

④ 放入米粉、胡萝卜条、韭菜段，翻炒均匀。
　加高汤（或清水），调入生抽、盐、白糖。

⑤ 煮至水收干时，放入煎好的蛋皮条及炒
　好的肉丝，炒匀即可。

👨‍🍳 **制作关键** •

① 炒米粉的时候，多放一点油才好吃。

② 炒米粉时，胡萝卜条、韭菜段也可以跟蛋皮条、肉条一起放，这样吃起来更爽口。

③ 若买不到新竹米粉，可以用其他米粉代替。

④ 翻炒的时候最好用筷子，不要用锅铲，以免把米粉铲断。

120 广东炒牛河

难度：★ ★ ☆

主料

沙河粉 600 克，韭黄 120 克，黄豆芽 120 克，
新鲜牛肉 150 克

调料

A：小苏打 0.63 克，料酒 8 毫升，蚝油 15
毫升，生抽 30 毫升，鸡蛋白 1/4 个，
水淀粉 15 毫升，香油少许

B：白糖 7 克，生抽 30 毫升，老抽 10 毫升，
盐 1 克

其他：花生油适量，盐少许

制作方法 ·

① 将新鲜牛肉逆着纹路切成薄片，加小苏
打拌匀，腌制 30 分钟后依次加入调料
A 中的料酒、蚝油、生抽、水淀粉、鸡
蛋白拌匀，腌制 10 分钟后加少许香油
拌匀。

② 将韭黄洗净，切除底部较老的根，切成段。
黄豆芽切除根部，备用。取一小碗，放
入调料 B 中所有调料调匀成料汁，备用。

③ 炒锅里倒入少许花生油烧热，放入黄豆
芽和少许盐，大火炒 10 秒钟，再放入
韭黄段炒 10 秒钟，盛出，备用。

④ 炒锅烧热，倒入 15 毫升花生油，放入
牛肉片滑炒至变色，盛出，备用。

⑤ 炒锅洗净，烧热 15 毫升花生油，放入河粉，
加入调好的料汁，翻炒至均匀上色。

⑥ 再加入事先炒好的韭黄段、黄豆芽及牛
肉片，开大火，颠炒均匀即可。

制作关键 ·

① 炒牛河的时候一定要锅气足（就是火力要大），河粉要不碎、不粘锅，牛肉要滑嫩，豆芽和韭
菜不能出水，成品要油水足而味道不腻。

② 韭黄是这道小吃中最具特色的配菜，不仅能增加香味，而且口感爽脆。

③ 如果不能颠锅，可以用筷子翻炒，一定不要用锅铲翻，不然很容易把河粉炒碎。

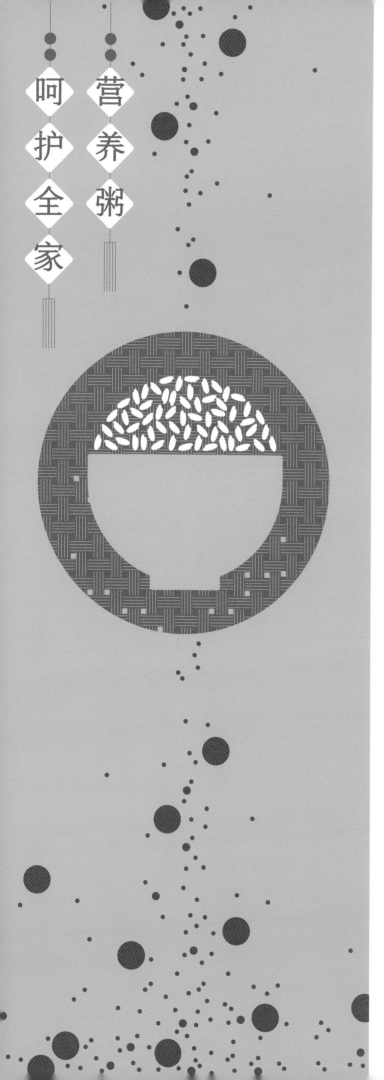

呵护全家 营养粥

香甜幼滑南瓜粥  难度：★ ☆ ☆

主料

南瓜 250 克，淀粉 30 克，清水一小碗（调制水淀粉用），清水 1000 毫升

配料

瓜子仁适量

制作方法

① 南瓜去皮，切块，放入蒸锅中蒸软。
② 蒸好的南瓜放入食品加工机中打成南瓜泥。
③ 南瓜泥放入锅内，加入适量水，大火烧开。
④ 淀粉加少许水调成水淀粉，放入锅内搅拌均匀。再煮 1 分钟即可关火。盛出后点缀瓜子仁。

制作关键

① 用食品加工机打出的南瓜泥很细腻。
② 淀粉的量可以适度调整，只要南瓜粥变浓稠就可以了。

122 卷心菜粥

难度：★ ☆ ☆

主料

卷心菜 100 克，粳米 200 克，猪肉 50 克，水发香菇 40 克，清水 1000 毫升

调料

盐 2 克，姜末 5 克，花生油 50 毫升

制作方法 •

① 粳米洗净，用清水浸泡半小时后入锅，加入适量开水，用文火慢煮至米烂粥熟。
② 卷心菜切细丝，水发香菇切小块，猪肉切末。
③ 炒锅内加油烧热，放入猪肉末、卷心菜、香菇翻炒，加盐、姜末炒匀，倒入粳米粥内，再煮至开锅即可。

123 胡萝卜肉丸粥

难度：★ ☆ ☆

主料

大米、猪肉馅各 100 克，胡萝卜块、鸡蛋白各 30 克，清水 500 毫升

调料

大葱、姜末各 5 克，盐 3 克

制作方法 •

① 大米洗净，浸泡 40 分钟，沥干，放在案板上，铺平，用擀面杖向前推，将其碾碎。大葱洗净，切葱白末和葱花。
② 肉馅加入鸡蛋白，顺着一个方向搅打上劲，加盐、姜末和适量葱白末，挤成肉丸子。
③ 锅内倒水烧开，放入碾碎的大米熬煮。粥开锅后放入肉丸子，煮约 15 分钟，下胡萝卜块煮熟，加盐、葱花调味即可。

124 皮蛋瘦肉粥

难度：★ ☆ ☆

主料

无铅皮蛋 1 个，猪瘦肉 50 克，大米 200 克，清水 1000 毫升

调料

香油少许，胡椒粉 3 克，盐 3 克，香葱、香菜、姜各 5 克

制作方法 •

① 将皮蛋剥壳，切成小块。姜切丝。香葱切成葱花。香菜切末。
② 猪瘦肉加盐腌入味，放入蒸锅蒸 20 分钟取出，切成小块。
③ 将大米洗净，放入锅中，加水煮开，转中火煮约 30 分钟。
④ 粥中放入皮蛋块、猪肉块、姜丝及胡椒粉煮开，再继续煮几分钟即可熄火，加入香菜末、葱花，淋入少许香油即可出锅。

125 核桃木耳大枣粥

难度：★ ☆ ☆

主料

粳米 100 克，黑木耳 5 克，核桃仁、大枣各 20 克，清水 1000 毫升

调料

冰糖 30 克

制作方法 •

① 黑木耳泡发，去蒂，除去杂质，撕成片。粳米淘洗干净，大枣去核洗净，核桃仁洗净。
② 将黑木耳、核桃仁、粳米、大枣同放锅内，加水 1000 毫升，置大火上烧开，用小火熬煮至黑木耳熟烂、粥黏稠，加入冰糖搅匀即可。

126 海红蟹粥

🐟 主料

海红蟹2只（约300克），大米100克，清水1000毫升

🧂 调料

花生油5毫升，盐5克，胡椒粉2.5克，香油5毫升，姜3片，香葱（切葱花）适量

🥄 制作方法

① 海红蟹清洗干净。
② 大米放入碗中洗净。
③ 把大米放入高压锅内，加入花生油和1000毫升水，大火烧开。
④ 加盖转小火煮20分钟，再焖10分钟，至高压锅内无压力时开盖。
⑤ 把海红蟹的腿全部掰掉，脐部掰掉不用。
⑥ 打开蟹壳。
⑦ 去掉蟹鳃和内脏，把蟹切成4块。
⑧ 用刀拍几下蟹钳。
⑨ 把处理好的蟹块和姜放入煮好的粥内。
⑩ 加入盐，小火煮5分钟，加胡椒粉、香油调匀即可。盛出，撒上香葱葱花装饰。

👨‍🍳 制作关键

① 螃蟹一定要吃新鲜的，食用变质的螃蟹会引发中毒。
② 粥中放入螃蟹以后，煮的时间不宜过长，否则口感会变差。

127 金枪鱼绿波麦胚粥 难度：★☆☆

🌿 主料
粳米 1 杯，小麦胚芽 20 克，原味金枪鱼肉 100 克，菠菜 1 小把，熟黑、白芝麻各 10 克，清水 1000 毫升

🍳 制作方法

① 将米清洗干净，加入煮粥的标准水量，放入小麦胚芽，搅拌均匀后煮好。将煮好的粥盛入碗中。
② 打开金枪鱼罐头，鱼肉尽量拆成碎末。
③ 将鱼肉和汤汁放入粥中，撒上炒熟的黑、白芝麻。
④ 将菠菜清洗干净，入锅焯烫，攥干水，用料理机打成菠菜蓉，和金枪鱼粥搭配食用即可。

🥄 厨房窍门
① 小麦胚芽片在大型商超有售，营养丰富，适合给孩子煮粥食用。
② 金枪鱼肉也可以用三文鱼肉、鳕鱼肉等代替。

128 大米燕麦花生粥  难度：★☆☆

🌿 主料
大米 40 克，小米 10 克，燕麦 30 克，花生 400 克，清水 1000 毫升

🍳 制作方法

① 所有材料放入大碗中。
② 用清水淘洗干净。
③ 把洗净的材料放入高压锅内，加入水。
④ 大火烧开，扣上锅盖，转小火煮 20 分钟即可。

👨‍🍳 制作关键
煮好的粥不要立即开盖，闷 10 分钟以后再吃更浓稠。

129 菠菜芹菜粥

 难度：★☆☆

主料

菠菜 250 克，芹菜 25 克，大米 100 克，清水 800 毫升

制作方法 •

① 菠菜、芹菜洗净，分别切 4 厘米长的段。
② 大米淘洗干净，放入锅内，加 800 毫升清水，置大火上烧沸，改用小火煮 30 分钟，加入芹菜、菠菜烧沸，打开盖再煮 10 分钟即成。

130 南瓜小米粥

 难度：★☆☆

主料

南瓜 1 块，小米 200 克，清水 500 毫升

制作方法 •

① 将南瓜去皮，切丁备用。
② 锅中加入适量水烧开，然后放入南瓜丁、小米（南瓜丁与水的比例为 1∶2），熬成米粥即可。

制作关键 •

如果不会给南瓜去皮，可以在蒸包子的时候放入一块南瓜蒸一下，待到南瓜皮变软后，剥皮就很容易了。

131 番茄银耳小米羹

 难度：★☆☆

主料

番茄、小米各 100 克，银耳 10 克，清水 1000 毫升

调料

冰糖 50 克，水淀粉 5 毫升

制作方法 •

① 将小米放入冷水中浸泡 1 小时，番茄洗净切成小片，银耳用温水泡发后切成小片。
② 将银耳放入锅中，加水烧开，改用小火炖烂，再加入番茄、小米一并烧煮，待小米煮稠后加冰糖，用水淀粉勾芡即成。

132 糯米红豆粥

难度：★☆☆

主料

糯米 100 克，红豆 200 克，清水 1000 毫升

制作方法 •

取一个锅，加入水烧开，然后放入糯米、红豆，熬成米粥即可。

制作关键 •

糯米不易煮至软烂，在煮粥前一定要提前将糯米泡一天。

(133) 团圆腊八粥

难度：★★☆

🌿 主料

大米、糯米、玉米楂、燕麦片、黏高粱米、荞麦米、绿豆、红花芸豆、核桃仁、葡萄干、豌豆粒、菱角米各 20 克，花生米 30 克，清水 1500 毫升，桂圆干 15 克，水发莲子 30 克，栗子 80 克，黏玉米粒 60 克，鹰嘴豆 30 克，大枣 50 克，水发枸杞 10 克

🧂 调料

冰糖 70 克

📝 制作方法 •

① 称量好大米、糯米、玉米楂、燕麦片、黏高粱米、荞麦米。

② 再把红花芸豆、绿豆、核桃仁、菱角米、豌豆粒、花生米放入盘中。

③ 准备好栗子、桂圆干、黏玉米粒、水发莲子、鹰嘴豆、葡萄干。

④ 把菱角米和红花芸豆放入碗中，加清水泡发。

⑤ 除大枣、冰糖、桂圆、葡萄干和水发枸

杞外的所有材料放入小盆中，淘洗干净后放入高压锅内。

⑥ 再放入足量的清水和洗净的大枣，加入冰糖。放入桂圆干。

⑦ 高压锅加盖，大火煮开上汽后转小火煮 25 分钟，关火闷 10 分钟。

⑧ 放至高压锅内没有压力时开盖，放入葡萄干煮 5 分钟，最后撒入水发枸杞略煮即可。

🔑 制作关键 •

① 菱角米、红花芸豆不容易煮熟，要提前用清水泡发。

② 葡萄干和枸杞等容易煮烂的食材要最后再放入，这样煮出的粥口感更好。

134 蟹黄北极虾咸味八宝粥

难度：★ ★ ☆

🌿 主料

小米、糙米、玉米楂、高粱米、燕麦、白芝麻、黏高粱米、薏米、花生米各 15 克，糯米 30 克，大米 45 克，栗子 30 克，海米、干贝、蟹黄、姜各 10 克，北极虾 50 克，清水 1000 毫升

🧂 调料

盐 5 克，胡椒粉 2.5 克，料酒 10 毫升，香油 10 毫升，葱末 5 克

✏️ 制作方法 •

① 小米、糙米、玉米楂、高粱米、燕麦、白芝麻、黏高粱米、薏米、花生米等准备好。

② 糯米、大米、栗子、海米、干贝、蟹黄、北极虾、姜准备好。

③ 将步骤1的材料和步骤2中的米类淘洗干净，放在一个碗内。

④ 将步骤3中的材料放入高压锅内。

⑤ 栗子洗净，也放入锅内。

⑥ 再把洗净的海米和干贝放入锅内。

⑦ 姜切片，然后放入锅内。

⑧ 加入 1000 毫升水。

⑨ 再放入料酒。

⑩ 加盖大火烧开，转小火煮 30 分钟，关火闷 10 分钟。

⑪ 开盖，放入北极虾和蟹黄，不加盖大火煮 2 分钟。

⑫ 加入葱末、盐、胡椒粉、香油调匀即可。

👨‍🍳 制作关键 •

① 高压锅上汽以后一定要转小火，免得出危险。

② 北极虾和蟹黄一定要最后放入，才能保持鲜美的味道。

135 鱼片粳米粥

难度：★☆☆

主料

粳米 100 克，鱼肉 100 克，生菜 30 克，清水 1000 毫升

调料

姜丝、盐、胡椒粉各 5 克，绍酒、香油、花生油各 10 毫升

制作方法

① 粳米淘洗干净，放入清水中泡透。鱼肉去鳞，洗净，切小片，放入盐、胡椒粉、绍酒、花生油拌匀，腌渍入味。生菜择洗干净，切细丝。姜去皮，洗净，切细丝。

② 锅置火上，入温水烧沸，放入粳米煮粥，煮至八成熟时下入鱼片、姜丝，加盐调味，待粳米完全熟透，撒入生菜丝稍煮，淋上香油，撒上少许胡椒粉即可。

136 排骨粥

难度：★☆☆

主料

粳米 100 克，小排骨 100 克，芹菜、火腿各 30 克，清水 1000 毫升

调料

姜、盐、淀粉、胡椒粉、香葱（切末）各 5 克，料酒 10 毫升

制作方法

① 粳米淘洗干净，用清水浸泡 40 分钟，沥干水，压碎。排骨洗净，剁成小块，加盐、料酒、淀粉搅拌均匀，腌渍 5 分钟。火腿切丝。芹菜择洗干净，切段。

② 排骨放入电饭锅中，加适量冷水，调到"煲粥"的挡位煮 20 分钟，倒入压碎的粳米，煮 10 分钟，放入姜丝、火腿丝煮 5 分钟，再放入芹菜煮 5 分钟，加盐、胡椒粉调味，撒上香葱末即可。

137 姜丝二米粥

难度：★☆☆

主料

小米 100 克，大米 200 克，清水 500 毫升

调料

姜 50 克

制作方法

① 姜去皮，切成细丝，或者用擦丝器擦成细丝。

② 取净汤锅，加入适量水烧开，然后放入小米、大米，熬成米粥，出锅前加入姜丝再稍微熬制一会儿即可。

138 红薯百合粥

难度：★☆☆

主料

大米 100 克，红薯 20 克，百合、豌豆粒各 5 克，清水 1000 毫升

调料

冰糖 50 克

制作方法

① 大米洗净，用水浸泡。红薯去皮，洗净，切块。豌豆粒洗净。百合削去老根，洗净，分瓣。

② 将大米、红薯块、豌豆粒、冰糖、百合倒入电压力锅中，加入适量开水，旋紧锅盖，调到"煮粥"挡上煮 40 分钟，解压排气后盛出食用即可。

139 咸蛋白菠菜粥

 难度：★ ☆ ☆

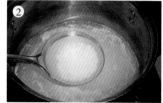
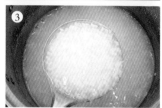

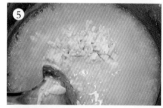

主料
大米 50 克，糯米 50 克，咸鸭蛋白 40 克，菠菜 50 克，清水 1000 毫升

调料
胡椒粉 5 克、香油 10 毫升

制作方法

① 大米和糯米洗净后放入锅内浸泡 1 小时。
② 高压锅放在火上，不加盖，开大火煮开。
③ 转小火，加盖煮 20 分钟至粥黏稠。
④ 咸蛋白切丁，菠菜切丝。
⑤ 高压锅开盖，放入咸蛋白煮 5 分钟。
⑥ 放入菠菜丝后关火，用粥的高温把菠菜烫熟，放入胡椒粉、香油调匀即可。

制作关键

① 大米和糯米提前浸泡 1 小时，既可以节约煮粥的时间，节省火力，又可以使煮出的粥更黏稠。
② 粥一定要煮到黏稠才好。
③ 咸鸭蛋白已经很咸了，所以粥里不必另外加盐。
④ 此粥可供早晚餐温热服食，有滋阴养血、降压、润燥的功效。

叁。

暖暖烘焙

全家每天吃出
一道彩虹

小饼干

有咸有甜

打发黄油

140

　　黄油（butter）是把新鲜牛奶加以搅拌，再将上层的浓稠状物体滤去部分水分之后的产物。黄油呈浅黄色，质地均匀细腻，气味芬芳诱人，广泛用于饼干、面包、蛋糕以及其他各种烘焙食品的制作。我们在制作饼干、重油蛋糕、马芬蛋糕、蛋挞等西点时，都需要打发黄油，这是为了使黄油内部饱含空气，并使其和鸡蛋能混合均匀。在烘焙时一般选择无盐黄油。

　　黄油有室温软化和加热至完全化开两种处理方式：

室温软化黄油

　　黄油在30℃左右开始软化，一般需要冷藏保存。冷藏后的黄油质地很硬，直接打发的效果不会很好。

　　室温软化黄油至用手指轻压可以压出凹陷为宜。

加热化开黄油

　　一般指隔热水直接将黄油化成液态。

制作方法 ·

① 无盐黄油切丁，室温软化。

② 打蛋器设中速，把无盐黄油打至顺滑。

③ 加入细砂糖，继续打发。

④ 打发至黄油膨松、发白、呈羽毛状即可。

(141) 蛋白瓜子酥

难度：★☆☆

 主料

蛋白 40 克，低筋面粉 40 克，葵花子仁
60 克

调料

糖粉 40 克，花生油 40 毫升，盐 0.3 克

制作方法 ·

① 花生油加糖粉、盐搅拌均匀，再加入蛋
　白（无须打发）搅拌均匀。

② 加入过筛后的低筋面粉。

③ 用手动打蛋器搅拌均匀，拌成面糊。

④ 在垫有油布或硅胶垫的烤盘上，将部分
　面糊摊成薄的圆饼形。

⑤ 将剩余的面糊均匀地分散到每个圆饼
　上，用小勺分摊整形。

⑥ 把葵花子仁烤熟，均匀地撒在圆饼表面。
　将烤箱预热至 175℃，以 175℃、上层、
　底下垫双烤盘烤 10 ~ 12 分钟，至饼干
　表面呈金黄色即可。

制作关键 ·

① 薄片饼干一定尽量摊薄，而且每片厚薄要基本一致，才能保证其受热均匀，同时出炉。

② 刚烤好的饼干有些软，如果有些饼干弯曲变形，可以用平盘将其压平，凉一会就变硬、变脆了。

142 海盐巧克力曲奇

 难度：★★☆

🌾 主料

低筋面粉 55 克，中筋面粉 50 克，无盐黄油 72 克，黑巧克力 80 克，小苏打 1 克，泡打粉 1.5 克，全蛋液 30 克，夏威夷果 25 克

🧂 调料

细砂糖 30 克，红糖 50 克，海盐 2 克，香草精 1.2 克

📷 准备工作

① 无盐黄油切成颗粒，在室温下软化。
② 低筋面粉、中筋面粉、小苏打、泡打粉混合过筛。
③ 黑巧克力和夏威夷果切碎。

✒️ 制作方法

① 无盐黄油加入细砂糖和红糖，用电动打蛋器充分打发。
② 加入海盐，打发至体积变大，呈膨松发白的羽毛状。
③ 分三次加入全蛋液。每次都要搅拌均匀至蛋液被完全吸收，再加入下一次。
④ 加入香草精，搅拌均匀。
⑤ 加入过好筛的混合粉，用刮刀混合均匀。
⑥ 把黑巧克力碎和夏威夷果碎加入面糊里，用刮刀拌匀。覆盖保鲜膜，放入冰箱冷藏 2 小时以上。
⑦ 取出冷藏好的面团，用挖球器挖出约 50 克一个的球状曲奇生坯放在不粘烤盘上。烤盘放入预热好的烤箱中层，以 180℃上下火烤 15 分钟，烤至曲奇表面呈金黄色即可。

🧁 制作关键

① 黄油不要打发过度，打发和搅拌过程控制在 4 ~ 7 分钟即可。
② 全蛋液一定要分次加入黄油中，且每加入一次都要搅拌均匀至其完全被吸收再加入下一次，以免出现蛋油分离的情况。

143 **贝壳果酱曲奇**

🌿 **主料**

黄油70克，玉米淀粉37克，曲奇饼干粉（或低筋面粉）105克，泡打粉1克，鸡蛋45克，草莓果酱30克

🧂 **调料**

盐1克，糖粉45克

🥄 **配料**

薄荷叶适量（可选）

🥢 **准备工作**

① 将黄油提前从冰箱中取出，在室温下软化至用手指可轻松压出手印，切小块。

② 鸡蛋从冰箱里取出，在室温下回温，打散成蛋液。

③ 将曲奇饼干粉、玉米淀粉和泡打粉混合，用面粉筛过筛。

🥄 **制作方法** •

① 软化好的黄油用电动打蛋器低速搅散。加入糖粉、盐，用电动打蛋器先低速再中速搅打，将黄油搅打至膨松。

② 分三次加入蛋液，每次都用电动打蛋器中速搅打至蛋液吸收后再加入下一次，搅拌至黄油膨松、发白。

③ 加入筛过的粉类，用橡胶刮刀翻拌均匀，直至看不到面粉。

④ 将花嘴装入裱花袋中，再将面糊装入裱花袋中。

⑤ 在烤盘上挤出头大尾小的贝壳状饼坯。

⑥ 烤箱预热至160℃，将烤盘放入中层，160℃上下火烤15分钟左右。烤好的饼干不要马上从烤盘上取下，而要先放置于通风的地方放凉。

⑦ 在小号裱花袋中装入草莓果酱，给一半饼干逐个挤上果酱，再盖上另一块饼干即可。将做好的曲奇装盘，用薄荷叶点缀即可。

👨‍🍳 **制作关键** •

① 若你用的不是防粘烤盘，则要垫上油纸。

② 挤贝壳头时要用力些，然后逐渐减轻力度，用拖的方式把贝壳的尾部拉出来。尾部多余的面糊要用手捏掉，不然烤出来的形状就不好看了。

③ 温度很低时做黄油饼干，黄油可能会变硬，导致面糊也变硬，不易从裱花袋中挤出。这时可以把裱花袋放到温暖的地方升温一下，如放入预热至40℃的烤箱或放入温水中均可。

144 丹麦曲奇

 难度：★☆☆

主料

黄油 75 克，全蛋液 25 克，鲜奶 10 毫升，中筋面粉 50 克，低筋面粉 50 克，泡打粉 0.3 克

调料

细砂糖 20 克，糖粉 25 克，盐 0.3 克

制作方法

① 黄油切小块，于室温下软化，用电动打蛋器以低速打散。

② 加入细砂糖、糖粉、盐，先手动略拌匀，再用电动打蛋器低速搅打均匀，转高速搅至松发。

③ 室温全蛋液分次少量地加入黄油中，每次需搅打至蛋油融合后，再加入第二次。

④ 分两次加入鲜奶，搅打至呈光滑细致的乳膏状即可。

⑤ 将中筋面粉、低筋面粉、泡打粉混合过筛，加入打发的黄油中。

⑥ 用橡胶刮刀将粉类和黄油轻轻翻拌均匀。

⑦ 裱花袋内装入中号菊花嘴，再放入面糊，在烤盘上挤出花形饼坯，相互间要留些许空隙。

⑧ 烤箱预热至 180℃，将饼坯以上下火 180℃ 在中层烤 10 分钟，再移至上层，转 150℃ 烤 5 分钟即可。

制作关键

① 黄油刚加入糖粉等时，要先手动略拌匀再用电动打蛋器低速搅打，否则糖粉会飞溅出来。

② 用裱花袋挤出的面糊越厚，所需烘烤的时间越长。在烘烤的最后几分钟要在烤箱旁守着，见饼干底微黄后即可停止烘烤。

⑭₅ 抹茶杏仁饼干

🔊 📺 难度：★ ★ ☆

🌿 **主料**

无盐黄油 120 克，低筋面粉 150 克，全蛋液 25 克，杏仁片 50 克

🧂 **调料**

糖粉 60 克，盐 0.5 克，香草精几滴，抹茶粉 10 克，杏仁粉 20 克

✖️ **特殊工具**

饼干模

⚖️ **准备工作**

① 无盐黄油切粒，室温中软化。
② 低筋面粉过筛。

🥄 **制作方法** ·

① 无盐黄油软化后加入糖粉，用电动打蛋器充分打发。
② 加入盐，打发至体积变大，呈膨松发白的羽毛状。
③ 分三次加入全蛋液。每次都要搅拌均匀至蛋液被完全吸收，再加入下一次。
④ 加入香草精搅拌均匀。加入抹茶粉搅拌均匀。

⑤ 加入低筋面粉，用刮刀混合均匀。
⑥ 加入杏仁片和杏仁粉，用刮刀翻拌均匀。
⑦ 饼干模里铺上油纸，将面团放入其中压平整形，然后放入冰箱冷冻 2 小时。
⑧ 取出冷冻好的面团，切成 3 ~ 5 毫米厚的片，放在不粘烤盘上。烤盘放入预热好的烤箱中层，以 180℃上下火烤 20 分钟即可。

👨‍🍳 **制作关键** ·

饼坯之间要留有间距，以免烘烤的过程中饼坯因受热膨胀变形。

146 罗马盾牌饼干

难度：★ ★ ☆

🌿 主料

● 饼干

黄油 35 克，鸡蛋适量，低筋面粉 75 克

● 馅料

黄油 20 克，杏仁片 35 克

🧂 调料

糖粉 65 克，盐 1 克，麦芽糖 25 克

🥢 准备工作

① 将黄油提前从冰箱中取出，在室温下软化至用手指可轻松压出手印，切小块。

② 鸡蛋从冰箱里取出，在室温下回温，用分蛋器分离出 30 克蛋白。

🥄 制作方法 ⋯⋯

① 将软化好的 35 克黄油和 40 克糖粉混合，先用刮刀拌匀，再用电动打蛋器低速打散。

② 分三次加入蛋白，每次都需要搅拌均匀后再加入下一次，最后搅至呈浓稠的液态。

③ 筛入低筋面粉，加入盐，用硅胶刮刀拌匀，装入安好花嘴的裱花袋中。

④ 将软化好的 20 克黄油切小块，和麦芽糖一起放入小碗中，隔热水加热至化成液态。

⑤ 加入 25 克糖粉，用橡胶刮刀拌匀。

⑥ 加入杏仁片拌匀成馅料，留在盆内利用热水的余温保温。

⑦ 将饼干面糊在烤盘上挤出长 4 厘米、宽 2 厘米的椭圆形的圈。

⑧ 用汤匙挖些馅料填入饼干圈内，不要填太满。将烤盘放入预热好的烤箱中层，以 170℃ 上下火烤 12 分钟，取出，放凉后再取下饼干。

👨‍🍳 制作关键 ⋯⋯

① 做好的馅料要保温保存，一旦温度降低就会结块。

② 装馅的时候不能装太满，因为经过高温烘烤后里面的馅料会膨胀，如果装得太满会漏出来。

③ 刚烤好的饼干不要马上从烤盘上取下，否则馅料会漏出来，要等到饼干冷却、里面的馅料凝固后再取。

147 卡通饼干

 难度：★★★

🌿 主料

● 饼干坯

低筋面粉 83 克，无盐黄油 50 克，蛋黄 1 个

● 糖霜

蛋白粉 4 克，清水 15 毫升

🧂 调料

糖粉 140 克，香草精几滴，可可粉 3 克，色素适量

⚖ 准备工作

① 无盐黄油切粒，室温中软化。
② 低筋面粉过筛。
③ 蛋黄打散。

✏ 制作方法

① 无盐黄油软化后加入 40 克糖粉，用电动打蛋器充分打发至体积变大，呈膨松发白的羽毛状。
② 分三次加入蛋黄液，每次都要搅拌均匀至蛋黄液被完全吸收，再加入下一次。
③ 加入香草精，搅拌均匀。
④ 加入 80 克过筛的低筋面粉，用刮刀混合均匀。
⑤ 将面团均分成 2 份，分别加入剩余的低筋面粉和可可粉，揉搓均匀，制成两种颜色的饼干面团。
⑥ 将面团放在保鲜袋或保鲜膜中，擀成 3～5 毫米厚的面片，用饼干模压成各种形状。
⑦ 将压出的面片在不粘烤盘上进行组合。
⑧ 组合成动物卡通饼干坯。
⑨ 烤盘放入预热好的烤箱中层，以 180℃上下火烤 15 分钟，烤至饼干表面呈金黄色即可。
⑩ 100 克糖粉和蛋白粉混合过筛后，加入清水，用电动打蛋器打至均匀发白，成糖霜。
⑪ 分别取适量糖霜，加入不同颜色的色素，用抹刀搅拌均匀。将各色糖霜分别装入裱花袋，装饰烤好的饼干即可。

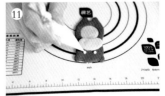

148 可可维也纳曲奇

难度：★☆☆

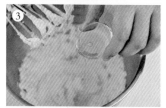

主料

低筋面粉 130 克，无盐黄油 125 克，蛋白 32 克

调料

糖粉 55 克，盐 0.5 克，可可粉 15 克

制作方法

① 无盐黄油切粒，室温中软化。低筋面粉、可可粉混合过筛备用。无盐黄油软化后加入糖粉，用电动打蛋器充分打发。

② 加入盐，打发至体积变大，呈膨松发白的羽毛状。

③ 分三次加入蛋白，每次都要搅拌均匀至蛋白被完全吸收，再加入下一次。

④ 将过好筛的低筋面粉、可可粉加入打发好的黄油里，用刮刀混合均匀。

⑤ 将搅拌好的面糊装入裱花袋里，均匀地挤在不粘烤盘上。

⑥ 烤盘放入预热好的烤箱中层，以 180℃ 上下火烤 15 分钟即可。

149 蔓越莓饼干

 难度：★★☆

🌿 **主料**

低筋面粉 180 克，无盐黄油 120 克，全蛋液 25 克，蔓越莓干 50 克

🧂 **调料**

糖粉 60 克，香草精几滴，盐 0.5 克

⚔️ **特殊工具**

饼干模

✏️ **制作方法** •

① 无盐黄油切粒，在室温下软化。低筋面粉过筛，备用。无盐黄油软化后加入糖粉，用电动打蛋器充分打发。

② 加入盐，打发至体积变大，呈膨松发白的羽毛状。

③ 分三次加入全蛋液，每次都要搅拌均匀至蛋液被完全吸收，再加入下一次。加入香草精，搅拌均匀。

④ 加入过好筛的低筋面粉，用刮刀混合均匀。

⑤ 加入蔓越莓干，用刮刀翻拌均匀。

⑥ 饼干模里铺上油纸，将面团放入其中整形，然后放入冰箱冷冻 2 小时。

⑦ 取出冷冻好的面团，切成 3 ~ 5 毫米厚的片，放在不粘烤盘上。

⑧ 烤盘放入预热好的烤箱中层，以 180℃上下火烤 20 分钟，烤至饼干呈金黄色即可。

与蛋糕唯美相遇的

---

150 ## 打发蛋白

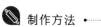 **制作方法** ·····························

① 分离出蛋白，置于打蛋盆中，放入冰箱冷冻至盆边结薄冰（10 ~ 15 分钟）。

② 用打蛋器中速打发蛋白，打至出现鱼眼气泡时，加入 1/3 的细砂糖。

③ 继续打发，打至蛋白气泡变小、变细腻后，再加入 1/3 的细砂糖。

④ 继续打发至蛋白有纹路后，加入剩下的细砂糖。

⑤ 转低速继续打发，打至打蛋头从蛋白霜中拉起时，盆中的蛋白霜弯曲超过 90°。

⑥ 继续打发，打至打蛋头从蛋白霜中拉起时，盆中的蛋白霜被拉出小弯钩，弯曲程度小于 90°。

⑦ 继续打发，打至打蛋头从蛋白霜中拉起时，盆中的蛋白霜被拉出短小直立的小尖角。

制作关键 ·····························

① 打蛋盆需保持干净，无水无油。

② 鸡蛋一定要新鲜。分离蛋白要彻底，不能带有一点蛋黄。

③ 细砂糖会减慢蛋白质的变性，令蛋白不容易起泡，但它可以使打好的蛋白泡沫更稳定。不加细砂糖打发的蛋白很容易消泡。因此，在蛋白打发过程中，细砂糖要分三次加入，若一下子加入大量细砂糖，会增加打发的难度。

④ 用于打发的蛋白最好是经过冷冻的，冷冻可以提高蛋白的稳定性，使打出的蛋白霜更细腻。将分离好的蛋白置于打蛋盆中，放入冰箱冷冻室（10 ~ 15 分钟），待盆边结薄冰后即可取出用于打发。

---

151 ## 打发全蛋

 **制作方法** ·····························

① 全蛋液中加入细砂糖。

② 打蛋盆坐于 45℃ 的热水中，用电动打蛋器中高速打发全蛋液。

③ 打至全蛋液发白、体积变大、没有大气泡时，可将打蛋盆离开热水盆。

④ 转低速继续打发，至提起打蛋头在泡沫表面画"8"字，痕迹能保持 3 秒不消失，或蛋液滴落后能堆起并保持几秒钟再慢慢还原即可。

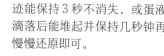 **制作关键** ·····························

① 打蛋盆需保持干净，无水无油。

② 鸡蛋要新鲜。全蛋液要保持常温，此状态有助于打发，提高全蛋泡沫的稳定性。从冰箱取出的鸡蛋一定要先放至常温再打发。

③ 细砂糖要一次全部加入。

④ 打发时可将打蛋盆坐于 45℃ 左右的热水中，此温度有助于打发及保持全蛋泡沫的稳定性，使打发效率最高。

152 全蛋海绵蛋糕

 难度：★ ★ ☆

🌿 主料
鸡蛋 4 个（240 克），低筋面粉 130 克，常温鲜奶 30 毫升

⚙ 特殊工具
15 厘米蛋糕模具

🧂 调料
细砂糖 120 克，盐 2.5 克，色拉油 40 毫升

🥄 制作方法

① 将鸡蛋打入无水无油的打蛋盆内，加入细砂糖，隔水加热至 40℃，其间，用手动打蛋器搅拌，使之受热均匀。

② 当温度达到后，将打蛋盆端离热水盆。用电动打蛋器以中速将蛋液打至体积胀大两倍，由黄色变为浅白色。

③ 分两次筛入低筋面粉，每次均用橡胶刮刀轻轻翻拌。

④ 鲜奶中加入色拉油、盐，用手动打蛋器搅拌至油奶混合。

⑤ 取一小部分打发蛋液加入牛奶和色拉油中，用橡胶刮刀拌匀。

⑥ 将蛋奶混合物拌入面糊中，用橡胶刮刀彻底翻拌均匀。将拌好的蛋糕糊倒入蛋糕模内，至八分满即可。

⑦ 烤箱预热好后，以上下火 180℃、中下层烤约 20 分钟后，蛋糕表面变成浅咖啡色时，用铝箔纸盖住其顶部。

⑧ 继续烘烤约 15 分钟，至轻拍蛋糕顶部感觉有弹性即熟，放凉后脱模即可。

👨‍🍳 制作关键

① 海绵蛋糕的细砂糖用量较大，不要尝试减少糖量，这样会使蛋糕不易膨胀，而且会减少蛋糕的湿润度。

② 打发好的蛋糊体积会膨胀两倍，提起的蛋液流到表面可以画出"8"字，并且痕迹会在几秒钟内消失，如果久久不消失的话就说明打发过头了。

③ 全蛋液打发后加面粉的手势要轻而快，可以用翻拌、切拌的方式混合，但不能用刮刀压蛋糕，否则会造成里面消泡。翻拌时还要注意要从底部向上翻出，以免蛋糊消泡。

153 黑芝麻戚风蛋糕

   难度：★ ★ ☆

🌿 主料

牛奶 40 毫升，鸡蛋 5 个，低筋面粉 40 克，黑芝麻碎 30 克

🧂 调料

色拉油 50 毫升，细砂糖 96 克

✒️ 制作方法

① 低筋面粉过筛，备用。蛋白和蛋黄分离后，将蛋白放入冰箱冷冻至边沿结薄冰。黑芝麻磨碎成粉状。蛋黄加入 30 克细砂糖，用手动打蛋器搅拌均匀。

② 加入牛奶，搅拌均匀。加入色拉油，搅拌均匀。加入黑芝麻碎，搅拌均匀。

③ 加入过好筛的低筋面粉搅拌均匀。

④ 66 克细砂糖平分三次加入蛋白中，用电动打蛋器打至全发。

⑤ 用刮刀取 1/3 打发好的蛋白霜，与蛋黄糊翻拌均匀。

🔧 特殊工具

18 厘米中空蛋糕模

⑥ 再取 1/3 打发好的蛋白霜，与蛋黄糊翻拌均匀后，将面糊倒入剩余的蛋白霜中，翻拌成均匀细腻的戚风蛋糕糊。

⑦ 戚风蛋糕糊倒入模具中。

⑧ 入模后震模两下，放入预热好的烤箱中层，以 160℃上下火烤 30 分钟。蛋糕出炉后倒扣在晾网上，放凉后用脱模刀脱模。

👨‍🍳 制作关键

如使用 15 厘米中空蛋糕模，烘烤时间就要相应缩短，大概烤 25 分钟。

154 # 桂圆核桃蛋糕

难度：★ ★ ☆

主料

清水 60 毫升，桂圆干 50 克（去皮去核），
酸奶 60 毫升，鸡蛋 1 个（60 克），低筋
面粉 80 克，苏打粉 1 克，泡打粉 1 克，
核桃仁 15 克，葡萄干 10 克

调料

红糖 40 克，花生油 50 毫升，酒适量

特殊工具

纸杯 6 个

制作方法

① 红糖过筛，所有粉类混合过筛。桂圆干
　对半切成块，核桃仁切碎，葡萄干用酒
　浸泡（或用微波炉低火加热 30 秒）。
② 清水及桂圆干入小锅，用小火煮至水收
　干，桂圆干软化。
③ 鸡蛋打散，加红糖在盆内搅拌至红糖
　溶化。
④ 加入花生油、酸奶搅拌至完全融合。

⑤ 加入筛过的粉类，用手动打蛋器略拌
　均匀。
⑥ 加入桂圆干、核桃仁碎及酒浸葡萄干，
　用橡胶刮刀略拌匀。
⑦ 用汤匙将面糊装入烤盘中的纸杯内，至
　七分满即可。
⑧ 烤箱预热到 170℃，放入烤盘，以上下
　火 170℃在中层烤 22 ～ 25 分钟。

制作关键

① 红糖的品牌不同，颜色的深浅也不一样。红糖很容易结块，所以在使用前要过筛。
② 桂圆干需要经过小火煮制变软后方可使用，煮的时候要在旁边看着，水略收干即可。
③ 用本菜谱做法制作蛋糕，要注意加面粉后只能顺时针划圈搅拌，大致使粉类和液体混合即可，
　过度搅拌会使面糊产生筋性。

155 布朗尼

主料
黑巧克力50克，无盐黄油90克，鸡蛋1个，低筋面粉48克，核桃仁50克

调料
细砂糖55克

特殊工具
15厘米×15厘米蛋糕模具

制作方法

① 无盐黄油室温软化。低筋面粉过筛。鸡蛋放至室温后打散。黑巧克力隔温水化开。核桃仁用烤箱以160℃烤8分钟至出香味，切碎，备用。

② 无盐黄油软化后用刮刀搅拌均匀，至微微发白即可。

③ 加入化开的黑巧克力，搅拌均匀。

④ 加入细砂糖，搅拌均匀。加入全蛋液，搅拌均匀。

⑤ 加入低筋面粉，搅拌均匀。

⑥ 加入烤过的核桃碎，搅拌均匀，完成蛋糕面糊。

⑦ 面糊倒入模具中，摊平整。放入预热好的烤箱中层，以180℃上下火烤20分钟。蛋糕出炉后平放在晾网上，冷却后放入冰箱冷藏后食用。

156 云石蛋糕

难度：★ ★ ☆

🌿 **主料**

低筋面粉 70 克，无盐黄油 45 克，全蛋液 40 克，泡打粉 3 克，牛奶 70 毫升

🧂 **调料**

细砂糖 55 克，可可粉 5 克

🔨 **特殊工具**

6 连中空蛋糕模

📝 **制作方法**

① 无盐黄油室温软化。低筋面粉和泡打粉混合过筛。无盐黄油中加入细砂糖，用手动打蛋器充分搅匀。

② 黄油中分三次加入全蛋液，每次都要搅拌均匀至蛋液被完全吸收，再加入下一次。

③ 分三次加入牛奶，每次都要搅拌均匀至牛奶被完全吸收，再加入下一次。

④ 加入过筛的低筋面粉和泡打粉，搅拌均匀至蛋糕糊有光泽。

⑤ 蛋糕糊分成两份，其中一份加入可可粉搅拌均匀。

⑥ 黑白两份蛋糕糊分别装入准备好的裱花袋中。

⑦ 两份面糊错开颜色，分别挤入模具中做成云石效果，然后放入预热好的烤箱中层，以180℃上下火烤15分钟。

⑧ 蛋糕出炉后倒扣在晾网上冷却脱模。

⑮ 红丝绒玛德琳蛋糕

难度：★★☆

🌿 主料

低筋面粉 55 克，无盐黄油 60 克，全蛋液 50 克，泡打粉 2 克

🧴 调料

细砂糖 50 克，香草精几滴，红丝绒液 2.5 克，盐 0.3 克，可可粉 5 克

⚙️ 配料

白巧克力少许，装饰糖珠适量

✖️ 特殊工具

8 连玛德琳蛋糕模

🖊️ 制作方法

① 低筋面粉、泡打粉和可可粉混合过筛，备用。无盐黄油隔热水化开。

② 全蛋液中加入细砂糖，用手动打蛋器搅拌均匀。

③ 加入香草精，搅拌均匀。加入盐，搅拌均匀。加入红丝绒液，搅拌均匀。

④ 加入过筛的低筋面粉、泡打粉和可可粉，搅拌均匀。

⑤ 加入化开的无盐黄油，搅拌均匀。

⑥ 蛋糕糊装入裱花袋，将裱花袋剪一小口，把蛋糕糊挤入模具中。

⑦ 模具放入预热好的烤箱中层，以 180℃上下火烤 15 分钟。蛋糕出炉后放在晾网上，冷却脱模。

⑧ 白巧克力隔温水加热化开。把玛德琳蛋糕的一端沾上白巧克力酱，然后撒上装饰糖珠。

难度: ★ ★ ★

158 榴梿蛋糕卷

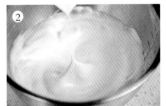

主料

● 蛋糕坯
牛奶 50 毫升，鸡蛋 3 个，低筋面粉 50 克
● 夹心
淡奶油 300 毫升，榴梿肉 150 克

调料
细砂糖 75 克，色拉油 40 毫升

配料
草莓 1 颗

特殊工具
烤盘

准备工作
① 低筋面粉过筛，备用。
② 蛋白和蛋黄分离后，将蛋白放入冰箱冷冻至边沿结薄冰。

制作方法

① 牛奶中加入色拉油和 15 克细砂糖，用手动打蛋器搅拌均匀。加入过好筛的低筋面粉，搅拌均匀。加入蛋黄，搅拌均匀，完成蛋黄面糊。

② 30 克细砂糖分三次加入蛋白中，用电动打蛋器打至八分发（打发好的蛋白霜细腻且富有光泽，提起打蛋头，蛋白霜被拉出小弯钩）。

③ 用刮刀取 1/3 打发好的蛋白霜，与蛋黄面糊翻拌均匀。再取 1/3 打发好的蛋白霜与蛋黄面糊翻拌均匀后，将面糊倒入剩余的蛋白霜中，翻拌成细腻均匀的戚风蛋糕面糊。

④ 将蛋糕面糊倒入铺有玻璃纤维垫的烤盘中。将烤盘震两下，震出蛋糕糊中的大气泡后，放入预热至 160℃的烤箱中层，上下火烤 25 分钟。

⑤ 蛋糕出炉后，用手拖着纤维垫，将蛋糕拖至晾网上，盖一层油纸，放凉。

⑥ 淡奶油中加入 30 克细砂糖，用电动打蛋器打至全发。

⑦ 将蛋糕平放，油纸在下，撕去纤维垫，用刮刀抹一层打发好的奶油，起始端稍厚，收尾一端只需薄薄一层。在收尾位置用锯齿刀呈 45° 切去一边，便于卷蛋糕卷。

⑧ 在抹厚奶油的一侧放上榴梿肉。用擀面杖卷起起始端的油纸，向上提起。慢慢滚动擀面杖，将油纸向前推动，蛋糕卷自然卷起，直到收尾处。将整理好的蛋糕卷用硅胶垫包起，放入冰箱冷藏定型。剩余的奶油装入准备好的裱花袋中，在冷藏好的蛋糕卷表面呈 "之" 字形挤上奶油花。最后放上切开的草莓装饰。

159 粉红木马奶油蛋糕

难度:★★☆

主料

牛奶 20 毫升,鸡蛋 3 个,低筋面粉 33 克,淡奶油 350 毫升,新鲜水果适量

调料

色拉油 20 毫升,细砂糖 83 克,粉色色素适量

特殊工具

6 寸(约 15 厘米)蛋糕模,蛋糕锯刀,蛋糕分片器,木马装饰

制作方法

① 低筋面粉过筛,备用。蛋白和蛋黄分离后,蛋白放入冰箱冷冻至边沿结薄冰。蛋黄中加入 15 克细砂糖,用手动打蛋器搅拌均匀。加入牛奶,搅拌均匀。

② 蛋黄中加入色拉油,搅拌均匀。加入低筋面粉,搅拌均匀。完成蛋黄面糊。

③ 33 克细砂糖分三次加入蛋白中,用电动打蛋器将蛋白打至全发。

④ 用刮刀取 1/3 打发好的蛋白霜,与蛋黄面糊翻拌均匀。

⑤ 再取 1/3 打发好的蛋白霜,与蛋黄面糊翻拌均匀后,将面糊倒入剩余的蛋白霜中,翻拌成细腻均匀的戚风蛋糕面糊。

⑥ 蛋糕面糊倒入模具中,入模后震模两下,放入预热好的烤箱中下层,以 150℃上下火烤 45 分钟。蛋糕出炉后倒扣在晾网上,放凉后脱模。

⑦ 淡奶油中加入 35 克细砂糖,用电动打蛋器打至全发。

⑧ 用蛋糕锯刀和蛋糕分片器把蛋糕分成厚薄均匀的 3 片。取一片蛋糕片放在蛋糕底托上,用直抹刀抹一层打发好的奶油。

⑨ 放上新鲜水果(注意水果不要放出蛋糕边沿),再抹一层奶油。再放上一片蛋糕片,重复以上步骤,完成夹馅。

⑩ 最上面一片蛋糕片扣上后,表面和侧面用抹刀均匀地抹上一层奶油。

⑪ 取适量奶油,加入粉色色素,搅拌均匀,抹在蛋糕上。

⑫ 裱花袋装入粉色奶油,在蛋糕表面挤一圈玫瑰奶油花。底部挤一圈星星奶油花。蛋糕表面放一圈水果,插上木马装饰。

160 **轻乳酪蛋糕** 难度：★★☆

 主料

奶油奶酪 125 克，蛋黄 2 个，淡奶油 50 毫升，酸奶 75 毫升，低筋面粉 20 克，蛋白 2 个

调料

细砂糖 50 克，玉米淀粉 13 克

配料

草莓 2 颗，现打发的鲜奶油适量

特殊工具

乳酪蛋糕模（展艺 ZY5202）

制作方法

① 低筋面粉和玉米淀粉混合过筛备用。奶油奶酪室温软化，加入 20 克细砂糖，用手动打蛋器搅匀。

② 奶酪中加入淡奶油和酸奶，搅拌均匀。加入过好筛的低筋面粉和玉米淀粉，搅拌均匀。加入蛋黄搅拌均匀。奶酪蛋黄糊制作完成。

③ 将奶酪蛋黄糊过筛一次。

④ 蛋白中分三次加入剩余的 30 克细砂糖，用电动打蛋器打至八分发，此时蛋白霜光滑，拉起时有小弯钩。

⑤ 用刮刀取 1/3 打发好的蛋白霜，与奶酪蛋黄糊翻拌均匀。

⑥ 再取 1/3 打发好的蛋白霜，与奶酪蛋黄糊翻拌均匀后，将奶酪蛋黄糊倒入剩余的蛋白霜中，翻拌成细腻均匀的奶酪糊。

⑦ 模具底部铺油纸，将奶酪糊倒入模具中。烤盘注水，放入预热好的烤箱中下层，奶酪糊放在烤盘中央位置，以 160℃上下火用水浴法烤 60 分钟。蛋糕出炉后放在晾网上冷却，放凉后脱模。可以挤上现打发的鲜奶油及草莓进行装饰。

 制作关键

① 蛋白打至八分发即可，如果打发过度，烘烤时蛋糕容易开裂。

② 烘烤完成后，如果觉得蛋糕表面颜色不够诱人，可以开烤箱上火 180℃，再烤 2～3 分钟上色。最后几分钟一定要在烤箱旁边看着，以免蛋糕烤糊。

161 抹茶红豆漩涡蛋糕

难度：★★★

① 低筋面粉和抹茶粉混合过筛，备用。鸡蛋放至室温，备用。鸡蛋打入盆中，加入85克细砂糖，用电动打蛋器隔45℃热水完全打发。

② 过好筛的低筋面粉和抹茶粉分两次加入蛋糊中，用刮刀从盆底向上翻拌，拌到手感变重时即可。

③ 黄油和牛奶隔35℃热水加热至黄油化开，用刮刀取一些面糊加入黄油牛奶中，拌匀。将搅拌好的黄油糊倒入面糊里，搅拌均匀。

④ 烤盘垫油纸后倒入蛋糕糊再盖上硅胶垫，放入预热好的烤箱中层，以165℃上下火烤20分钟。蛋糕出炉后撕开硅胶垫，放晾网降温。

⑤ 5克细砂糖中加入矿泉水，隔温水溶化后再加入朗姆酒，用手动打蛋器搅拌均匀。用羊毛刷蘸酒糖液均匀刷在蛋糕表面。

⑥ 淡奶油（主料部分）加红豆和5克细砂糖，用电动打蛋器打至全发。

⑦ 用蛋糕锯刀把蛋糕片平分成5厘米宽的长条。

⑧ 把蛋糕条铺平放好，用抹刀将红豆奶油全部均匀抹在蛋糕条上。

⑨ 将其中一条蛋糕条卷起，放在蛋糕底托中间。将剩下的蛋糕条接着上一条绕着外侧卷上，成漩涡蛋糕。

⑩ 淡奶油加细砂糖（配料部分）用电动打蛋器打至全发。用直抹刀将奶油均匀涂抹在漩涡蛋糕的表面。用抹刀在蛋糕侧面压出造型，用勺子背在蛋糕顶面压出造型。均匀筛上抹茶粉装饰。

制作关键

① 鸡蛋要放至室温，打发时要坐45℃左右的热水，有助于打发及稳定。

② 酒糖液一定要被全部刷在蛋糕上，蛋糕的口感才会更加湿润。

③ 蛋糕片切成5厘米宽的条，做出的漩涡蛋糕成品约为9寸（约23厘米）；切7厘米宽的条，做出的漩涡蛋糕的成品约为6寸（约15厘米）。可根据个人喜欢的大小制作。

主料

● 蛋糕坯
低筋面粉70克，鸡蛋4个，牛奶18毫升，无盐黄油20克

● 酒糖液
矿泉水20毫升

● 红豆夹心
淡奶油200毫升，红豆30克

调料
细砂糖95克，抹茶粉7克，朗姆酒5克

配料
淡奶油250毫升，细砂糖25克，抹茶粉适量

特殊工具
28厘米×28厘米不粘烤盘，蛋糕锯刀

制作方法

⑯ 樱花奶酪蛋糕

 难度：★★☆

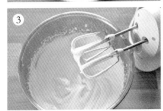

🌿 主料
戚风蛋糕片适量，奶油奶酪 250 克，酸奶 150 毫升，蛋黄 2 个，矿泉水 200 毫升，吉利丁片 15 克，淡奶油 200 毫升

🧂 调料
细砂糖 90 克，朗姆酒 5 毫升

⚗️ 配料
盐渍樱花、镜面液体各适量

✂️ 特殊工具
8 厘米口的玻璃杯 6 个

✏️ 制作方法

① 奶油奶酪室温软化，备用。吉利丁片在冰水中浸泡。蛋黄中加入 60 克细砂糖，隔水加热，用手动打蛋器搅拌至细砂糖溶化，蛋黄颜色变淡。

② 奶油奶酪隔热水搅拌至顺滑，加入蛋黄糊中，搅拌均匀。将 5 克泡软的吉利丁片加入奶酪蛋黄糊中搅拌均匀。加入酸奶，搅拌均匀。

③ 淡奶油用电动打蛋器打至六分发，加入奶酪蛋黄糊中，用刮刀翻拌均匀。加入朗姆酒，搅拌均匀。

④ 戚风蛋糕片裁成杯子底面大小，铺在杯子底部。向杯子中倒入奶酪蛋黄糊。放入冰箱冷冻 30 分钟。

⑤ 盐渍樱花在温水中浸泡一会儿，洗干净。

⑥ 矿泉水中加入 30 克细砂糖，用手动打蛋器搅拌均匀后，加入 10 克泡软的吉利丁片，隔温水融化。

⑦ 从冰箱中取出蛋糕，倒入镜面液体，放上樱花装饰，再入冰箱冷藏 4 小时以上即可。

🍳 制作关键
① 搅拌蛋黄时所隔热水温度不能过高，45℃即可，以免把蛋黄烫熟，产生颗粒。
② 盐渍樱花比较咸，需要提前用温水浸泡并洗 2～3 遍。

简单的幸福

小面包

中种法制作面团

【中种面团材料】
A：酵母粉 2.5 克，清水 50 毫升
B：高筋面粉 140 克，细砂糖 10 克，全蛋液 40 毫升

【主面团材料】
C：高筋面粉 20 克，低筋面粉 40 克，细砂糖 40 克，细盐 2 克，
　　奶粉 7 克，清水 35 毫升
其他：黄油 30 克

【准备工作】
① 将黄油提前从冰箱中取出，在室温下软化至用手指可轻松
　　压出手印，切小块。
② 鸡蛋从冰箱取出，在室温下回温，打散成蛋液。

制作方法
① 先将材料 A 混合，静置 5 分钟，至酵母溶化至无颗粒。
② 将酵母水及材料 B 放入盆内混匀（约 3 分钟），将混合好
　　的面团盖保鲜膜在 30℃下发酵 35 分钟，至面团发酵至两倍
　　大即可。
③ 将材料 C 中的清水加入中种面团中，混合。
④ 加入材料 C 中的其他所有材料混合成团状。
⑤ 将面团提到案板上，单手向前方轻摔。将面团折起，左手
　　中指在面团中央辅助，将面团转 90°。提起面团，再次单手
　　将面团向前方轻摔。如此反复摔打，直至面团表面略光滑。
⑥ 双手撑开面团，拉出稍粗糙、稍厚的薄膜。重新将面团放
　　入面盆，裹入黄油。单手反复用力按压面团，直至黄油完
　　全被吸收。
⑦ 先在盆内摔打面团，直至其重新变得比较光滑，再将面团
　　提至案板上，继续加大力度和速度摔打，直至面团表面很
　　光滑，切下小块面团撑开，可拉出小片略透明、不易破裂
　　的薄膜（此为面团扩展阶段）。
⑧ 继续摔打，直至面团可拉出大片略透明、不易破裂的薄膜（此
　　为面团完全扩展阶段）。取一干净的盆，盆底涂几滴色拉油。
　　放入面团，盖保鲜膜，于 30℃基础发酵约 50 分钟。当面团
　　发酵至 2 ~ 2.5 倍，用手指沾干面粉插入面团内，孔洞不立
　　即回缩即成基本发酵面团。

164 淡奶油吐司

难度：★★☆

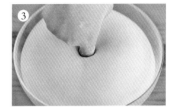

🌾 主料

高筋面粉 255 克，酵母粉 4 克，全蛋液 32 克，淡奶油 92 毫升，牛奶 68 毫升

🧂 调料

细砂糖 40 克，盐 2 克

📝 制作方法

① 将全部材料投入面包机，启动和面功能。

② 将面团揉到完全扩展阶段（约 30 分钟），即能拉出透明且有弹性的手套状薄膜，用手捅破薄膜，呈现光滑的圆形。

③ 将面团揉搓排气，滚圆后放入碗里，放在温暖处进行基础发酵。发酵至面团成两倍大，手指沾高筋面粉戳一下面团，戳出的洞不回弹、不回缩即可。

④ 将面团排气并等分成三份，滚圆后松弛 15 分钟。

⑤ 将松弛后的面团擀成椭圆形，然后翻面。

⑥ 从上往下卷起后再松弛 10 分钟。

⑦ 将面团擀长，压薄收边。

⑧ 将擀薄的面团从上往下卷。另外两个面团也做同样的处理。

⑨ 将整好形的面团放入吐司模中，在温暖湿润处进行最后的发酵。也可以使用烤箱发酵功能：设定 38℃烤 60 分钟，烤盘中必须放温水，用水浴法。

⑩ 待面团发酵至九分满时，在其表面刷一层鸡蛋液，放入预热好的烤箱下层。以 165℃上下火烤 45 分钟。吐司出炉后立刻脱模，置于晾网上放凉即可。

165 抹茶蜜豆吐司

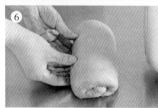

主料

金像高粉 350 克，耐高糖酵母粉 6 克，牛奶 225 毫升，全蛋液 35 克，黄油（切片）35 克，蜜豆 120 克

调料

抹茶粉 13 克，细砂糖 50 克，盐 4 克

制作方法

① 将牛奶、全蛋液、细砂糖和盐先在面包桶里搅匀，倒入高粉和抹茶粉，最后放入酵母粉，送入面包机，运行"和面＋和风"程序。"和风"揉面 10 分钟后，加入切片的黄油。

② "和风"显示为"01∶52"时待排气完成，按"暂停"，取出面包桶，倒出面团，此时不要取出搅拌刀。

③ 将面团轻轻按压排气后，擀开，使面团宽度与面包桶一致，压薄底边。

④ 从一端开始，先铺一排蜜豆，卷起，压紧。

⑤ 再铺一排蜜豆，继续卷，压紧接口。如此再铺几排蜜豆。

⑥ 最后捏紧收口，整理均匀。

⑦ 将面团再放进面包桶，桶外侧包裹铝箔纸，送入面包机，继续运行。

⑧ 程序结束，倒出面包，放在晾网上放凉，凉透后密封保存。

制作关键

程序结束前几分钟观察面包上色情况，如上色均匀，按压侧面弹性很好，则可取出。

166 奶酪包

 难度：★ ★ ☆

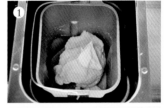

🌿 主料

高筋面粉 100 克，低筋面粉 26 克，酵母粉 1.5 克，全蛋液 15 克，奶粉 6 克，清水 60 毫升，无盐黄油 16 克，奶油奶酪 100 克，淡奶油 35 毫升

🧂 调料

细砂糖 39 克，盐 1.5 克

✖ 特殊工具

6 寸圆形模具

📝 制作方法 •

① 将高筋面粉、低筋面粉、全蛋液、奶粉、24 克细砂糖、酵母粉和清水放入面包机，启动和面功能。揉面 20 分钟后，加入盐和无盐黄油，继续揉至完全扩展阶段（约 10 分钟）。

② 取出面团揉搓排气，滚圆后放入碗里，放在温暖处进行基础发酵。面团发酵到两倍大时，手指沾高筋面粉戳一下，不回弹、不回缩即可。

③ 将面团排气并滚圆，放入模具中，在温暖湿润处进行最后的发酵。

④ 面团发至九分满时，在其表面刷一层全蛋液，放入预热好的烤箱中下层，以 165℃上下火烤 28 分钟。

⑤ 奶油奶酪和 15 克细砂糖混合，隔热水搅拌至顺滑。加入淡奶油，搅拌均匀，完成奶酪酱的制作。

⑥ 面包出炉后立刻脱模，置于晾网上放凉后，切成四份。

⑦ 每一份再切两刀，刀口处抹上奶酪酱。

⑧ 沾上奶粉即可。

167 乡村全麦面包

 难度：★ ★ ☆

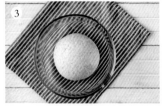

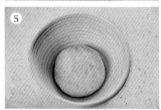

主料

高筋面粉 200 克，全麦粉 50 克，酵母粉 3 克，清水 130 毫升

调料

细砂糖 20 克，盐 3 克

特殊工具

450 克吐司藤篮

制作方法

① 将全部材料放入面包机，启动和面功能

② 将面团。揉至完全扩展阶段（约需 30 分钟），即能拉出透明且有弹性的手套状薄膜，用手捅破薄膜，呈现光滑的圆形。

③ 取出面团揉搓排气，滚圆后放入碗里，放在温暖处进行基础发酵。

④ 面团发酵到两倍大时，手指沾高筋面粉戳一下，不回弹、不回缩即可。将面团排气并滚圆。

⑤ 面团放入撒了干粉的藤篮中，在温暖湿润处进行最后的发酵。

⑥ 面团发至九分满后，将其倒扣在烤盘上，表面筛一点面粉，划"十"字，放入预热好的烤箱中层，以 200℃上下火烤 30 分钟即可。

168 蒜香包

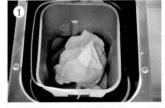

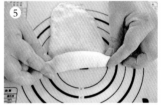

🌿 主料

高筋面粉89克，低筋面粉22克，酵母粉1.3克，全蛋液11克，清水58毫升，无盐黄油34克

🧂 调料

细砂糖9克，盐2克，蒜蓉10克，比萨草适量

🖊 制作方法

① 将高筋面粉、低筋面粉、细砂糖、全蛋液、酵母粉和清水放入面包机，启动和面功能。

② 揉面20分钟后，加入1克盐和9克无盐黄油，继续揉至完全扩展阶段（约10分钟），即面团能拉出透明且有弹性的手套状薄膜，用手捅破薄膜，呈现光滑的圆形。

③ 取出面团揉搓排气，滚圆后放入碗里，放在温暖处进行基础发酵。面团发酵到两倍大时，手指沾高筋面粉戳一下，不回弹、不回缩即可。

④ 将面团排气并等分成四份，滚圆，松弛15分钟。将松弛后的面团擀成椭圆形后翻面。

⑤ 将椭圆形面团一边压薄，从厚的一侧开始卷起，在温暖湿润处进行最后的发酵。

⑥ 将25克无盐黄油、蒜蓉和1克盐混合，用刮刀搅拌均匀，成蒜蓉酱，装入裱花袋。

⑦ 发酵结束后，在面团表面割一刀。将装蒜蓉酱的裱花袋剪一小口，将蒜蓉酱挤在刀口处。

⑧ 在蒜蓉酱上撒上比萨草。将面包坯放入预热好的烤箱中下层，以175℃上下火烤12分钟即可。

169 红豆面包

难度：★ ★ ☆

主料

高筋面粉 160 克，低筋面粉 40 克，全蛋液 30 克，清水 100 毫升，酵母粉 3 克，无盐黄油 20 克，红豆沙 200 克，黑芝麻 10 克

调料

细砂糖 20 克，盐 3 克

制作方法

① 将高筋面粉、低筋面粉、细砂糖、全蛋液、酵母粉和清水放入面包机，启动和面功能。揉面 20 分钟后，加入盐和无盐黄油，继续揉至完全扩展阶段（约 10 分钟）。将基础发酵面团取出，先称出总重量。

② 用刮板将面团切割成均等的小份。

③ 将小面团滚圆，盖上保鲜膜松弛 10 ~ 15 分钟。

④ 将小面团用手按压排气，压成圆饼形。

⑤ 面皮中包入红豆沙，捏紧收口，用双手

收拢成圆形。

⑥ 面包生坯排放在垫有硅胶垫或油布的烤盘上，中间预留空隙，盖上保鲜膜于 30 ~ 38℃进行最后发酵，约 20 分钟。

⑦ 当面包生坯发酵至 1.5 倍大时，在其表面刷上薄薄的全蛋液。将擀面杖沾少许水，沾上黑芝麻，再轻轻按压在面包生坯表面即可。

⑧ 烤箱预热至 200℃，将面包以上下火 180℃中层烤 18 分钟即成。

制作关键

① 市售的红豆沙通常都比较甜，在包馅的时候不需要包入太多，否则会感觉过腻。

② 给面包刷全蛋液前，要尽量将鸡蛋搅打均匀，如果能将蛋液过滤就更好。刷蛋液时力道要轻，不然很容易将发酵好的面包生坯压变形。

③ 沾黑芝麻时力道也要轻，不要太用力，这样才能保持面包完好的形状。

170 **椰蓉卷**

🔊 📺 难度：★ ★ ☆

🌿 **主料**

● 内馅

黄油 25 克，全蛋液 25 克，椰蓉 50 克，鲜奶 25 毫升

● 中种面团

高筋面粉 140 克，清水 50 毫升，鸡蛋 40 克，酵母粉 2.5 克

● 主面团

高筋面粉 20 克，低筋面粉 40 克，奶粉 15 克，清水 35 毫升，黄油 30 克

🧂 **调料**

● 内馅

细砂糖 20 克

● 中种面团

细砂糖 10 克

● 主面团

细砂糖 40 克，盐 1 克

🥄 **制作方法** •

① 用中种法发酵好成团（做法见 p.148），将发酵面团分割成 5 等份，分别滚圆松弛 10 分钟，擀成圆饼形。

② 黄油切小块，于室温下软化。加细砂糖打至松发，分次加入全蛋液，搅拌均匀。加入椰蓉，再倒入鲜奶让其充分吸收水分，制成内馅。将椰蓉内馅包入面皮中，捏紧收口。

③ 将包入内馅的面团擀成长圆形，再沿长边对折。

④ 在中间切上 6 个刀口，注意顶部不要切断。

⑤ 摊开面团。

⑥ 将面团沿短边对折。

⑦ 将面团两端向相反方向拧一下，再向中心卷成圆形。

⑧ 所有面团造型完成后，分别放入纸杯中，进行最后发酵。在所有面团表面刷上全蛋液。烤箱预热至 200℃，将椰蓉卷生坯以上下火 180℃中层烤 20～25 分钟。

⑰ 肉松面包卷

难度：★ ★ ☆

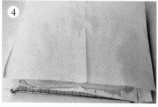

🌿 主料

高筋面粉 175 克，低筋面粉 75 克，清水 150 毫升，酵母粉 5 克，黄油 35 克，奶粉 30 克，肉松约 250 克，全蛋液、白芝麻各适量

🧂 调料

盐 1 克，细砂糖 25 克，葱花、沙拉酱各适量

🥄 制作方法

① 用汤种法制作面团：取 25 克高筋面粉和 100 毫升清水混合，加热（可用明火，也可用微波炉）至一定温度，糊化制成汤种。汤种冷却后再和 150 克高筋面粉、低筋面粉、50 毫升清水、酵母粉混合，揉成面团，覆盖发酵。面团发酵完成后直接滚圆，盖上保鲜膜松弛 20 分钟。

② 将松弛好的成团用手按压排气，擀制成烤盘大小的长方形，铺在垫好油纸的烤盘上进行最后发酵。待面团发酵至两倍大，手指按下不会马上回弹即可，刷上全蛋液。

③ 用竹签在面团上插上一些小洞帮助排气，以防烤时面团凸起。撒上葱花及白芝麻。

④ 烤箱预热至 170℃，放入烤盘，以上下火 170℃中层烤 18 分钟。烤好后将面包取出，表面再盖上一张油纸，放至温热。

⑤ 将面包反面的油纸撕掉，浅浅地割上一道道刀口，不要割断。

⑥ 涂上一层沙拉酱，再撒上适量肉松。借助擀面杖将面包卷起。

⑦ 不要松开油纸，再用胶纸缠起来，放置约 10 分钟让其定形。

⑧ 拆开油纸，将成包切去两端，再分切成 4 段，头尾涂沙拉酱、沾肉松即可。

172 酥菠萝面包

 难度：★ ★ ☆

🔧 **酥菠萝皮制作方法** •

① 黄油与糖粉混合，用橡胶刮刀翻拌均匀。

② 用手动打蛋器打至泛白色，分两次加入蛋黄液，搅匀。

③ 加入奶粉和低筋面粉，用刮刀拌成团。

④ 将面团包保鲜膜，入冰箱冷藏1小时至变硬。

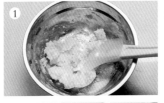

🔧 **酥菠萝面包制作方法** •

① 将15克高筋面粉和65毫升清水混合成汤种。用汤种法制作发酵面团（参考 p.156 步骤①），将其分割成6等份（每份约50克），分别滚圆，盖上保鲜膜松弛10分钟。将冷藏过的酥菠萝皮面团均分成6等份，搓圆。

② 将6个面包面团分别擀成圆饼状，用双手轻轻按压面团，将面团中的空气挤压出来。

③ 用刮板刮起面包面团，翻面捏紧收口，并再次滚圆。

④ 底垫保鲜膜，将菠萝皮面团压成圆饼状，用菠萝皮包住面包面团。

⑤ 翻面后，用刮板在菠萝皮上纵横压上条纹。

⑥ 将酥菠萝面包坯放入烤盘中，室温（28℃）发酵约20分钟，发酵至两倍大。烤箱预热至180℃，烤盘放入烤箱中层，以上下火180℃烤15～18分钟即可。

🌿 **主料**

● **酥菠萝皮**

黄油48克，蛋黄（打散）20克，奶粉10克，低筋面粉80克

● **面包**

高筋面粉115克，清水105毫升，低筋面粉60克，奶粉30克，酵母粉5克，鸡蛋30克，黄油20克

🧂 **调料**

糖粉40克，细砂糖25克，盐1克

173 比萨饼皮

主料

面粉 260 克，软化的小块黄油 8 克，清水 130 毫升，鲜酵母 4 克，泡打粉 3 克，鸡蛋 1 个

调料

植物油 8 毫升，炼乳 12 克，盐 3 克，细砂糖 16 克

制作方法

① 白糖、鲜酵母和清水放入碗中，搅拌至白糖、鲜酵母完全溶化。面粉、泡打粉放入盆中，加入炼乳、盐、植物油。

② 加入白糖酵母水稍拌，和成面团，再放入黄油，揉搓均匀。

③ 面团上盖上湿布，发酵至原体积 2 倍大，揉至完全排气后分成 2 份，分别擀成饼。

④ 用手托起饼，反复抛几次，使饼皮中间薄边缘厚，放入刷了油的比萨盘中，用叉子在表面扎些小孔，加盖醒发 15 分钟。鸡蛋打散，在醒发好的饼皮表面用刷子均匀刷一层全蛋液。

174 鲜虾培根比萨

难度：★ ★ ☆

主料

● 饼皮

A：高筋面粉 150 克，清水 80 毫升，酵母粉 2.5 克
其他：黄油 15 克，鸡蛋 1 个

● 馅料

马苏里拉奶酪 150 克，鲜虾 10 只，培根 2 条，青椒、红椒、洋葱、甜玉米粒各少许

调料

● 饼皮

细砂糖 10 克，盐 1.3 克

● 比萨酱

番茄酱 30 克，细砂糖 10 克，黑胡椒粉 2.5 克，蒜蓉 2.5 克，洋葱碎 2.5 克，蚝油 5 毫升，比萨草适量，清水 15 毫升

制作方法

① 马苏里拉奶酪在半软状态刨成细条。鲜虾去壳，培根、青椒、红椒切碎，洋葱切细条，以上材料以 170℃烤 5 分钟至水收干。将主料 A 和饼皮调料混合和成面团后，再加入黄油揉成较光滑的面团即可。盖上保鲜膜发酵至原来的两倍大、面团内部充满气孔。

② 案板上撒面粉，将面团擀成比模具略小的圆饼，备用。

③ 比萨盘上涂一层薄薄的黄油。将擀好的面饼放入比萨盘内。用手按压面饼，把面饼撑至与盘子同样大，边缘挤出一圈圆边。

④ 鸡蛋打成全蛋液。用餐叉在饼皮上刺出排气洞，再度发酵约 20 分钟后在饼皮边缘刷全蛋液。

⑤ 比萨酱材料混合均匀，盖保鲜膜加热 1 分钟，取出拌匀，再加热 1 分钟制成比萨酱，抹在饼皮中间。

⑥ 撒上 2/3 切成细条的马苏里拉奶酪。

⑦ 放上预先烤过的鲜虾、培根碎、青椒碎、红椒碎、洋葱条和甜玉米粒。

⑧ 烤箱预热至 240℃，将比萨生坯以上下火 220℃中层先烤 15 分钟，取出，撒上剩余的奶酪，继续烤 3 ~ 5 分钟，直至奶酪化开即可。

⑰ 奶酪火腿比萨

🗲 主料

高筋面粉 85 克，低筋面粉 15 克，酵母粉 2 克，清水 52 毫升，无盐黄油 5 克，火腿 6 片，蘑菇 2 个，黄椒 1/4 个，圣女果 3 ~ 4 个

🧂 调料

细砂糖 7 克，盐 1.5 克，比萨酱 50 克，马苏里拉奶酪碎 50 克

✏️ 制作方法

① 马苏里拉奶酪切碎，火腿、蘑菇、黄椒、圣女果切成适当大小，备用。将高筋面粉、低筋面粉、细砂糖、酵母粉和清水放入面包机，启动和面功能。

② 揉面 20 分钟后，加入盐和无盐黄油。

③ 将面团揉至完全扩展阶段（约 10 分钟），即能拉出透明且有弹性的手套状薄膜，用手捅破薄膜，呈现光滑的圆形即可。

④ 将面团取出，揉搓排气，滚圆后放入碗里，入烤箱，在下层烤盘中放温水，以 28℃ 烤 60 分钟（也可以放在温暖处进行基础发酵）。

⑤ 面团发酵到两倍大时，手指沾高筋面粉戳一下，不回弹、不回缩即可。

⑥ 将面团放到硅胶垫上排气，滚圆后松弛 15 分钟。

⑦ 将松弛好的面团擀成直径约 22 厘米的圆形面饼。

⑧ 将面饼放在比萨不粘盘（建议使用 8 寸烤盘）里，用手调整一下，使中间薄边缘厚一些，再用叉子在面饼上戳几个孔。

⑨ 刷一层比萨酱，放一层马苏里拉奶酪碎。

⑩ 铺上切好的火腿片、蘑菇、黄椒、圣女果，最后再放一层马苏里拉奶酪碎。放入预热好的烤箱中下层，以 230℃ 上下火烤 12 分钟即成。

176 鸡丁莳萝比萨

难度：★ ★ ☆

🍖 主料

● 饼皮

高筋面粉 80 克，低筋面粉 20 克，酵母粉 2 克，牛奶 72 毫升

● 馅料

玉米粒 10 克，洋葱丝 20 克，莳萝适量，鸡腿 2 只

🧂 调料

● 饼皮

细砂糖 8 克，盐 2 克，橄榄油 8 毫升

● 馅料

黑胡椒碎 1.25 克，盐 2.5 克，干白 15 毫升，橄榄油适量，淀粉 15 克，马苏里拉奶酪碎 100 克，比萨酱 22.5 克

🥄 制作方法

① 做好比萨面团（做法见 p.158 步骤①、②），发酵。鸡腿去骨，去皮，冲净，切小块，加盐、黑胡椒碎、干白，抓匀，倒入 5 毫升橄榄油拌匀，腌制 30 分钟。

② 鸡块倒入淀粉，抓匀。

③ 平底锅烧热，倒入能没过锅底的橄榄油，烧热后放入鸡块，煎至两面金黄，沥油出锅，在厨房纸巾上吸掉多余的油。

④ 将发酵好的面团取出，擀成面饼。比萨盘中刷橄榄油，将面饼放入摊开，用叉子扎些眼儿，抹上比萨酱。

⑤ 撒上一半的奶酪碎，铺上鸡块、玉米粒、洋葱丝、莳萝。

⑥ 铺上剩下的奶酪碎，将饼皮边缘刷橄榄油，入预热至 210℃ 的烤箱中层，烤 10 分钟即可。

177 彩椒培根比萨 难度：★★☆

主料

●饼皮

高筋面粉 140 克，酵母粉 5 克，清水 95 毫升

●馅料

红椒、黄椒、青椒各 1/4 个，培根 1 片

调料

●饼皮

细砂糖 5 克，盐 2.5 克，橄榄油 5 毫升

●馅料

比萨肉酱 45 克，马苏里拉奶酪碎 120 克，橄榄油适量

制作方法

① 做好比萨面团（做法见 p.158 步骤①、②），发酵。将发酵好的面团取出，按压排气，松弛 10 分钟。比萨盘抹橄榄油后，将面团放在中心。

② 双手慢慢将面团均匀地在烤盘里推开。

③ 摊至面饼边缘略高起，覆盖醒发 20 ~ 30 分钟。

④ 红椒、黄椒、青椒分别洗净，切开，剔除白筋和肉厚的部分。培根切碎。

⑤ 将彩椒切成丁，放在烤盘上，刷上橄榄油，送入烤箱，200℃烤 6 分钟，去掉部分水分，取出放凉。

⑥ 用叉子在面饼上叉些小眼儿，均匀抹上比萨肉酱。

⑦ 撒上一层奶酪碎，铺上培根碎和彩椒丁。

⑧ 将比萨生坯入预热至 200℃的烤箱中层先烤 8 分钟，取出再铺一层奶酪碎，继续烤 5 分钟至奶酪化开即可。

制作关键

① 彩椒先烤一下以去除部分水分。

② 最后又铺一层奶酪碎烘烤的方法，使成品表层是一层白白嫩嫩的奶酪。

178 清香牛排比萨

 难度：★★☆

🌿 **主料**

●饼皮

高筋面粉 70 克，低筋面粉 30 克，酵母粉
2 克，牛奶 75 毫升，清水适量

●馅料

腌制牛排 70 克，小金橘 4 个，玉米粒 10 克，
豌豆粒 10 克

🧂 **调料**

●饼皮

橄榄油 15 毫升，细砂糖 6 克，盐 2 克

●馅料

橄榄油适量，黑椒酱 5 克，比萨酱 15 克，
马苏里拉奶酪碎 100 克

✏️ **制作方法**

① 揉好比萨面团（做法见 p.158 步骤①、
   ②），覆盖发酵。

② 比萨盘抹橄榄油，将发好的面团放入，
   摊开。

③ 摊至面饼边缘略拢起，覆盖醒发 20～30
   分钟。

④ 将牛排切成小粒。小金橘洗净，切片。

⑤ 锅烧热，倒入橄榄油，油五成热时将小
   金橘片放入，略煎。

⑥ 倒入牛肉粒，翻炒至变色。倒入黑椒酱，
   翻炒均匀，盛出放凉，备用。锅中烧开

适量水，放入玉米粒和豌豆粒，焯 2 分钟，
捞出沥水，放凉，备用。

⑦ 在面饼的边缘刷橄榄油，用叉子扎些眼
   儿，在面饼表面抹上比萨酱。

⑧ 在面饼上撒上一层奶酪碎，将炒好的牛
   肉粒和小金橘片铺上（如果有多余酱汁，
   一定要沥掉再铺，不要带入太多湿料），
   再撒上玉米粒、豌豆粒，最后铺上剩余
   的奶酪碎，入预热至 210℃的烤箱中层，
   烤 10 分钟即可。

👨‍🍳 **制作关键**

小金橘可以缓解油腻，给牛肉带来清香的味道。如果不介意小金橘本身，可以在铺料时将煎过的
小金橘片一起铺在比萨饼上，介意的话就只用牛肉好了。

179 芝心海鲜至尊比萨

 难度：★ ★ ★

🌾 主料

● 面团

比萨专用粉（或高筋面粉）150 克，清水 90 毫升，酵母粉 2.5 克，黄油 15 克

● 肉酱

猪肉馅 100 克，洋葱碎 2.5 克，清水适量

● 馅料

虾仁 15 只，去皮鱿鱼块 100 克，蛤蜊 20 只，青椒块、红椒块、洋葱块各 25 克

🧂 调料

● 面团

细砂糖 10 克，盐 1.5 克

● 肉酱

番茄酱 30 克，细砂糖 10 克，黑胡椒粉 2.5 克，蒜碎 2.5 克，盐 1.25 克，色拉油 15 毫升

● 馅料

香葱碎、黑胡椒粉各 2.5 克，盐适量，红酒 15 毫升，马苏里拉奶酪 300 克，色拉油适量

⚖ 准备工作

将马苏里拉奶酪提前从冰箱冷冻库取出，切碎，备用。

🥖 比萨肉酱的制作方法 •········

① 平底锅放色拉油，小火烧至四成热，放入洋葱碎、蒜碎炒出香味。猪肉馅入锅小火煸炒至出油，加入番茄酱、细砂糖、黑胡椒粉、盐翻炒均匀。

② 加入清水，水量没过肉，小火焖煮至水基本收干、酱料黏稠，把肉酱装入小碗内，盖上保鲜膜，放凉，备用。

🥖 馅料的制作方法 •········

① 虾仁和去皮鱿鱼块分别用香葱碎、黑胡椒粉、2.5 克盐和红酒腌制片刻入味。

② 蛤蜊放入开水锅余烫至开口，捞出过凉水，取肉，撒少许盐腌制片刻。

③ 炒锅放少许色拉油烧热，下洋葱块、青椒块、红椒块快速翻炒至半熟，取出。

④ 洗净锅，再放少许色拉油烧热，依次放入虾仁和鱿鱼块快速翻炒至半熟，取出，备用。

🥖 比萨面团及比萨的制作方法 •········

① 比萨专用粉（或高筋面粉）放入面盆中，加入清水、细砂糖、盐、酵母粉混合成面团。

② 面团放在案板上充分揉匀。揉至面团有一定的延展性，即用手慢慢展开面团时可拉出一小片较厚的薄膜时加入黄油。继续揉面团，直至黄油均匀地混入面团中，面团可拉出一大片不易破裂的薄膜，即达到扩展阶段，面团就和好了。

③ 面团放碗中，盖保鲜膜，放温暖处发酵，发酵至面团体积达到原先的两倍。

④ 取出面团，在案板上滚圆排气，盖上保鲜膜静置松弛 15 分钟，再用擀面杖擀成 4 毫米厚的圆饼。烤盘里抹一点黄油，将面饼放烤盘上，用手指将饼的边缘尽量压薄。

⑤ 在饼边撒一圈奶酪碎，用手将饼边提起包住奶酪碎，用手捏紧收口。

⑥ 用餐叉在饼皮上扎很多小孔以帮助排气，在表面铺上比萨肉酱。

⑦ 肉酱表面撒一层奶酪碎，盖上保鲜膜再静置 15 分钟。

⑧ 铺上洋葱块、彩椒块、虾仁、鱿鱼块、蛤蜊肉等馅料。将烤盘放入预热好的烤箱中层，以 220℃上下火烤 15 分钟，取出撒上剩余的奶酪，继续烤 3 ~ 5 分钟至奶酪化开即可。

180 **火腿卷边比萨**

难度：★★☆

主料
● 饼皮
比萨专用粉（或高筋面粉）150克，清水80毫升，酵母粉2克，黄油20克
● 馅料
火腿肠4根，洋葱30克，红椒、黄椒、青椒各20克，西蓝花30克

调料
● 饼皮
细砂糖10克，盐1.5克
● 馅料
马苏里拉奶酪碎150克，比萨肉酱100克

准备工作
① 黄油提前从冰箱取出，在室温下软化至用手指可轻松压出手印，切小块。
② 马苏里拉奶酪碎提前从冰箱取出解冻。
③ 所有蔬菜类材料洗净，控干。将洋葱、彩椒和西蓝花分别切成小块。西蓝花用开水余烫2分钟，捞起备用。
④ 取1根火腿肠切块。
⑤ 在比萨盘上预涂上10克黄油（材料用量外），这样比萨底就会被煎得香香的。

制作方法
① 参考本书 p.158 比萨饼皮的制作方法步骤①、②和好面团，发酵并松弛好，再擀成直径25厘米的圆饼。将擀好的比萨饼皮铺在比萨盘上，用手按压面团，使面团的大小正适合比萨盘。
② 将剩下的3根火腿肠对半切开，在比萨饼皮的边上绕成一圈。
③ 用饼皮的边缘包裹住火腿肠，并把收口捏紧。用剪刀将包卷火腿肠的比萨边剪断，间隔大约2厘米。用手将火腿肠翻一下，使一面切口朝上。如果火腿肠太多，可以除掉一部分不要。

④ 火腿肠全部翻过来后整理均匀，用餐叉在比萨饼皮中间多刺些小孔，以防烘烤时饼皮隆起。在饼皮中间位置均匀地铺上比萨肉酱，注意不要把肉酱中的油加进去。
⑤ 在肉酱上铺上一层厚厚的马苏里拉奶酪碎。加上切成块的火腿肠和各类蔬菜。比萨盘放入预热好的烤箱中层，以200℃上下火烤15分钟即可。

肆。福利彩蛋

生活总是在不经意的时候给我们惊喜

181 鸡肉黄瓜卷　🔊　难度：★ ☆ ☆

🌿 **主料**

薄饼 3 张，鸡胸肉 1 块，黄瓜 1 根，生菜 3 片，鸡蛋 1 个，黄金面包屑 20 克

🧂 **调料**

白胡椒粉 0.5 克，淀粉 15 克，甜面酱 20 克，花生油 400 毫升，柠檬 1/3 个，盐 2 克

🖊 **制作方法**

① 将鸡胸肉清洗干净，用刀背轻斩两遍，加上盐、白胡椒粉，挤上柠檬汁，腌渍 15 分钟入味，备用。

② 鸡蛋搅打均匀。将腌好的鸡肉先裹淀粉再挂蛋液，裹满黄金面包屑，压实。

③ 锅中倒入花生油，加热到 170℃，将处理好的鸡胸肉放到锅中炸至两面金黄，捞出沥油，用厨房纸巾吸净多余油脂。

④ 炸鸡肉切条，黄瓜切条，生菜洗净。将薄饼用微波炉加热后放上鸡肉条、黄瓜条和生菜，刷上适量的甜面酱，卷起来即可。

👨‍🍳 **制作关键**

① 薄饼可以自制，也可以在商超买现成的，加热后卷上孩子喜欢的食材，美味又方便。

② 黄金面包屑容易上色，炸制的时候注意观察，以免焦煳。

豆沙猪宝贝

难度:★★☆

主料
面粉 200 克, 酵母粉 2 克, 牛奶 128 毫升, 豆沙馅适量, 黑芝麻适量

调料
南乳 2.5 克

制作方法

① 用酵母粉、牛奶和面粉制成发酵面团, 揉匀揉透后, 取一小块面团（约 5 克）, 加入南乳。

② 将加入南乳的面团揉匀, 制成粉色面团。

③ 将剩余白面团揉成长条, 分切成若干个小剂子。

④ 将面剂子擀开, 包上豆沙馅。

⑤ 包成圆包, 收圆。

⑥ 将部分粉色面团擀成薄片, 切条后改刀成小三角状。将剩余粉色面团捏成椭圆形面片。

⑦ 将椭圆形面片及两个小三角面片粘在豆沙包上, 在椭圆形面片上捅两个孔作鼻子, 再粘两粒黑芝麻作眼睛。

⑧ 铺垫, 醒发 10 分钟, 开水上屉, 大火蒸 8 分钟即可。

⑱ 卡通老虎

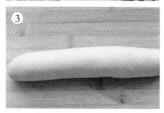

🌿 主料

A：面粉 200 克，
酵母粉 1 克，
南瓜泥 55 克，
牛奶 50 毫升

B：面粉 200 克，
酵母粉 1 克，
牛奶 115 毫升

🍒 配料

黑豆 10 粒，融化的黑色巧克力、粉色巧克力各适量

🥄 制作方法

① 将 A 的南瓜泥、牛奶和酵母粉混合均匀，倒入面粉，再次混合均匀，揉成光滑细致的面团。

② 用步骤①的方法做好 B 面团。将两个面团分别收圆入盆，覆盖，发酵至两倍大。

③ 取出 A 面团，铺撒面粉，将其反复揉成硬面团，且切面细致，无明显孔洞，再搓成长条。

④ 将 A 面团分成 5 个约 60 克的剂子，外加一小块剩余面团，分别揉圆。用同样的方法处理 B 面团，用湿布覆盖好所有暂时不用的面团。

⑤ 取一个 A 的小面团，揉圆，稍按扁成卡通虎的头部。

⑥ 在 A 的剩余小面团上揪两小块，分别揉圆压扁，蘸少许水，粘在头的上部两侧成耳朵。再从 B 的剩余小面团上揪一点点，揉圆按扁，粘在耳朵上。

⑦ 在 B 的剩余小面团上揪两小块，揉圆按扁，各粘 1 粒黑豆，再粘到脸上成眼睛，最后揪两小块白面团，揉成一头细一头粗的长条状，对粘成虎的胡子。

⑧ 依次做完其他老虎生坯，铺垫，覆盖醒发 30 分钟。开水上锅，将老虎生坯置于蒸箅上大火蒸 10 分钟左右。出锅放凉后，用巧克力装饰即可。

👨‍🍳 制作关键

① A、B 两个面团的硬度需一致。

② 造型时需保持面团光滑面朝外，成品表面才不会粗糙。如果面团不易黏合，就蘸少许水，增加黏合力。

③ 南瓜泥中所含的水分，因南瓜的品质和制熟的方法不同，可能会有所差异，可以自己调整一下液体的用量，揉好的面团应该是稍硬的。

184 香煎鱼薯饼 难度：★☆☆

185 茭瓜胡萝卜蛋饼 难度：★☆☆

🌿 主料
龙利鱼肉 250 克，中号土豆 1 个，胡萝卜 1/3 个，蛋白 1/2 个，面包屑 30 克

🧂 调料
盐 2 克，胡椒粉 0.3 克，柠檬 1 个，黑胡椒碎 0.3 克，橄榄油 10 毫升，番茄酱适量

🌿 主料
茭瓜 1/4 个，胡萝卜 1/4 根，香葱（切葱花）1 根，鸡蛋 1 个，面粉 100 克

🧂 调料
凉水 1 小碗（约 160 毫升），盐 1.5 克，花生油 15 毫升

🥢 制作方法

🥢 制作方法

① 将龙利鱼肉切块，加入 1 克盐、胡椒粉抓匀，挤上 1/2 个柠檬的汁腌渍入味。

② 中号土豆去皮后蒸熟，捣成土豆泥，待用。

③ 将鱼肉开水上屉蒸 5 ~ 8 分钟至熟。将鱼肉切碎，胡萝卜切末，一同盛入碗中，再加 1 克盐、黑胡椒碎、蛋白和 5 克左右的面包屑，搅拌均匀。

④ 将食材团成球，压成饼状，在两面均沾上面包屑。锅中倒入橄榄油，将鱼薯饼放到锅中煎至两面金黄、焦香上色后盛出，用剩下的柠檬点缀装盘，配番茄酱食用即可。

① 胡萝卜洗净，切成细丝。茭瓜洗净，切细丝。将两种蔬菜丝放入料理盆中。

② 面粉倒入料理盆，打入鸡蛋，撒上葱花、盐，缓缓倒入凉水，边倒边搅拌，调成浓稠合适的面糊。

③ 不粘锅烧热，倒入花生油，舀入 1 大勺面糊。将锅子端起来，摇一圈，使面糊均匀沾满锅底。

④ 煎至呈金黄色后将蛋饼翻面，待两面均烙上漂亮的虎皮斑后盛出，卷成卷，切成段即可。

🍳 制作关键
① 龙利鱼肉质鲜美且少刺，适合孩子食用。
② 面包屑也可用干面包自制。

🍳 制作关键
为了保证蛋饼不腻，建议少放油，可以润锅后将油倒出来，仅留的一点点油就够了。

186 薄饼金枪鱼蛋卷

 难度：★☆☆

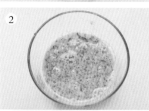

主料

单饼1张，金枪鱼罐头1听，鸡蛋2个，青椒末15克，胡萝卜碎15克，牛奶10毫升

调料

盐1克，花生油2.5毫升

制作方法

① 鸡蛋磕入盛器中，加入青椒末和胡萝卜碎。

② 加入牛奶，放入盐，搅打均匀。

③ 不粘锅烧热，倒入花生油，润锅后将油倒出。将蛋液倒入不粘锅中，晃动不粘锅，使蛋液均匀平摊于锅底，熟后出锅。

④ 在案板上放上单饼，在单饼上放鸡蛋饼，均匀地铺上金枪鱼肉。

⑤ 将饼卷成卷，快刀切成小段即可。

制作关键

① 鸡蛋里加入牛奶，在增鲜的同时还能使鸡蛋更香、更嫩。

② 煎蛋饼时油不用放太多，润锅后将油倒出，仅用底油就可以轻松地将鸡蛋饼煎得美观平整。

172

187 蛋包饭

难度：★★☆

主料

鸡蛋3个，米饭2碗，虾仁10个，胡萝卜1/4根，豌豆粒100克，甜玉米粒100克，腊肠（或火腿）1根，紫洋葱1/4个，清水15毫升

调料

盐适量，生抽1.5毫升，玉米淀粉7.5克，番茄沙司7.5克，料酒10毫升，花生油15毫升

配料

圣女果、西蓝花、橙子各适量

制作方法

① 腊肠、紫洋葱、胡萝卜分别切小丁。虾仁去虾线后加少许盐、料酒拌匀，腌制5分钟。

② 取2个鸡蛋打散成蛋液。玉米淀粉加清水调匀，倒入蛋液中搅匀。

③ 炒锅内烧热少许花生油，放入虾仁炒至变色后盛出。

④ 炒锅中放入腊肠丁，小火炒至变得透明，盛出。

⑤ 剩下的花生油中放入紫洋葱丁、胡萝卜丁、甜玉米粒、豌豆粒，加入少许盐，炒熟后盛出。

⑥ 剩余1个鸡蛋打散成蛋液，倒入锅内，用小火炒散。将米饭捏至松散，倒入锅内，用中火炒散，加入2.5克盐、生抽及炒好的所有原料。

⑦ 用中火翻炒至米饭中水收干、颗粒分明。

⑧ 锅中涂少许花生油，烧热后倒上加水淀粉搅匀的蛋液（剩少许不要倒完），小火将蛋液烘至成型但未全干，在蛋皮一侧放上炒好的米饭。

⑨ 用筷子将另一侧蛋皮掀起，双手提起蛋皮将炒饭盖住，用剩余蛋液粘好口。用小火将蛋液烘至全干。

⑩ 蛋包饭装盘，摆上处理好的圣女果、西蓝花、橙子片点缀。在蛋包饭表面挤上番茄沙司即可。

制作关键

① 煎蛋皮的锅不要太热，以免烧煳，油也不宜过多，这样才能摊出薄薄的蛋皮。

② 留下约5毫升蛋液不要摊成蛋皮，在蛋皮对折收口时涂在边缘，把收口处粘住，摆盘会更漂亮。

188 南瓜发糕

 难度：★★☆

主料

去皮老南瓜 300 克，中筋面粉 220 克，酵母粉 3 克，清水 80 毫升，黄油 15 克，葡萄干 25 克，枸杞 25 克

调料

白糖 15 克

特殊工具

8 寸方形烤盘 1 个

制作方法

① 老南瓜去瓤，切小块，放入微波专用碗中，盖碗盖，高火加热 10 分钟至南瓜变得软烂（也可入蒸锅中蒸熟）。

② 趁热加入白糖，将南瓜捣烂成泥状，放凉。

③ 葡萄干、枸杞分别用温水浸泡至变软，控干。酵母粉加清水溶化成酵母水。

④ 黄油软化成液体，待用。在烤盘底部放置一层铝箔纸，在铝箔纸上刷一层黄油防粘。

⑤ 放凉的南瓜泥加入面粉及酵母水，用铲子将其混合均匀，制成湿软的面糊。

⑥ 将混合好的面糊倒入模具中，盖上保鲜膜，静置发酵至体积变为两倍大。

⑦ 在发酵好的面糊表面按入葡萄干、枸杞。

⑧ 蒸锅内注入凉水，将盛有面糊的模具放于蒸箅上，中火烧开后转小火蒸 25 分钟，熄火后再闷 5 分钟，将发糕扣出脱模，切块食用。

189 红枣豆沙山药糕

难度：★★☆

主料
山药 160 克，豆沙馅 70 克，红枣适量

配料
鲜薄荷叶 1 片

调料
白糖 10 克，炼乳 10 毫升

特殊工具
圆形模具

制作方法

① 山药洗净，放入蒸锅内蒸软。红枣洗净、去核后切粒，备用。鲜薄荷片洗净，备用。

② 蒸好的山药趁热去皮，放置到案板上用刀背反复抹擦，直到变成细腻的山药泥。

③ 把山药泥放入盆中，加入白糖和炼乳搅拌均匀。

④ 圆形模具中放入一层山药泥抹平。

⑤ 放入一层豆沙馅，同样用小勺抹平压实。

⑥ 交替填入山药泥和豆沙馅，直到把模具填满。

⑦ 提起模具脱模，在顶部摆上适量切成粒的红枣肉，最后放置鲜薄荷叶点缀即可。

190 榴梿酥

 难度：★ ★ ☆

🌲 **主料**

蛋挞皮 10 张，榴梿 350 克，炼乳 15 克，糯米粉 30 克，鸡蛋 1 个，白芝麻 15 克

🥢 **制作方法** ·

① 将蛋清、蛋黄分开，放入 2 个小碗中。
② 把榴梿果肉中的果核取出，放入炼乳和糯米粉，用勺子搅拌均匀，碾成泥。
③ 取一张蛋挞皮对折，中间放入榴梿馅，边缘刷蛋清液，用手轻轻捏紧边缘。
④ 做好 10 个榴梿酥生坯，放入烤盘中，表面刷蛋黄液，再撒上白芝麻。把烤盘放入已预热的烤箱，180℃上下火烤 10 ~ 15 分钟至榴梿酥表面上色。取出烤盘，将榴梿酥稍凉即可食用。

👨‍🍳 **制作关键** ·

① 买的蛋挞皮从模子中取出时要小心，以免弄破。
② 蛋挞皮中的馅料不要放得太多，以免烤的时候漏出来。

191 夹沙薯球 & 芝麻薯球

难度：★★☆

主料

红薯 200 克，糯米粉 200 克，红薯淀粉 20 克，清水 150 毫升，泡打粉 4 克，红豆沙 100 克，白芝麻 30 克

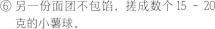 调料

细砂糖 40 克，花生油 500 毫升

制作方法

① 红薯去皮，切块，入蒸锅蒸熟，碾成薯泥。
② 将薯泥趁热拌入细砂糖。
③ 将糯米粉、红薯淀粉和薯泥放到一起，加入泡打粉，徐徐倒入清水，不断搅拌，揉成面团。
④ 将薯泥面团分成两份，其中一份再分成 8 个约 30 克的小面团，将面团压平，每个包裹约 12 克左右的红豆沙。
⑤ 不断团搓，制成夹沙薯球生坯。
⑥ 另一份面团不包馅，搓成数个 15 ~ 20 克的小薯球。
⑦ 在白芝麻里滚过后攥紧，揉圆，制成芝麻薯球生坯。
⑧ 锅中放花生油烧至六成热，转小火将薯球炸至漂起，呈金黄色后捞出，用厨房纸巾吸净多余油脂。夹沙薯球和芝麻薯球趁热食用。

制作关键

① 和面团的时候要徐徐加水，以免倒多。水量根据手感自行调节，因为毕竟薯泥含水量有差别。
② 夹沙薯球包裹红豆沙后表面会有裂纹，不用担心，用手不断团搓，手心的湿度会使面皮越来越滋润。芝麻薯球要攥紧，以免芝麻脱落。
③ 薯球入锅后要转小火慢炸，以免外表挂色，里面不熟。

192 雪媚娘

主料
糯米粉 50 克，玉米淀粉 15 克，牛奶 80 毫升，淡奶油 200 毫升，无盐黄油 10 克，杞果粒适量

配料
薄荷叶适量

调料
细砂糖 58 克

特殊工具
六连不粘球形模具 1 个

制作方法
① 糯米粉和玉米淀粉混合，过筛，备用。无盐黄油室温软化，备用。牛奶中加入细砂糖，搅拌均匀，再加入糯米粉和玉米淀粉，搅拌均匀。
② 将面糊过筛一次。
③ 隔热水蒸 10 分钟。
④ 取出蒸好的面团，加入无盐黄油揉匀。
⑤ 揉好的面团平分为 6 份，取一份在硅胶垫上擀成直径约 12 厘米的面皮（可以拍些熟糯米粉防粘）。
⑥ 淡奶油打至全发。在面皮中间挤些打发的奶油，放杞果粒。
⑦ 将面皮从四周提起，向中心处收口即成坯子。
⑧ 做好 6 个坯子，放入模具里，放入冰箱冷藏 1 小时至定型，取出后放入纸托并以薄荷叶点缀。

制作关键
① 蒸好的面团揉入黄油，会让面皮口感更好。
② 擀的面皮尽量中间厚四周薄，收口时两只手边转动边向中间捏，这样才能收好口。

193 奶香绿豆酥

难度：★ ★ ☆

主料

● 馅料

去皮绿豆 250 克，奶粉 70 克，黄油 70 克，
葡萄干 30 克

● 水油面团

低筋面粉 110 克，热水 40 毫升，猪油 40 克

● 油酥面团

低筋面粉 90 克，猪油 50 克

调料

细砂糖 150 克，糖粉 18 克，红色素适量

特殊工具

印章

制作方法

① 去皮绿豆提前用清水浸泡一晚上，水量
要没过绿豆 10 厘米。葡萄干洗净，对半
切开，备用。泡好的绿豆用电饭锅煮至
手感粉糯，放入搅拌机搅打成泥。

② 绿豆泥放入不粘锅内小火翻炒，不断搅
拌以免煳底。炒至九分干时加入细砂糖，
炒至糖溶化。加入黄油，翻炒至黄油化
开。继续炒至水分快收干时加入奶粉，
翻炒至成块，取出捏成团，制成绿豆馅。

③ 将绿豆馅和葡萄干一起放入盆内，用手
抓匀，制成馅料。将其每 35 克一份，
称出若干份，搓成圆球，盖上保鲜膜。

④ 猪油、糖粉倒入搅拌盆，分次少量加入
热水，用手动打蛋器充分搅拌均匀。加
入筛过的低筋面粉，用圆形刮板拌均匀，
和成水油面团。面团用双手搓开、揉匀，
揉到面团达扩展阶段，包上保鲜膜，静
置松弛 1 小时。

⑤ 小盆内放入猪油，倒入筛过的低筋面粉，
用手抓捏至油和粉类充分混合，放到案
板上，用手按压和成均匀的油酥面团。

⑥ 将水油面团擀成一块圆饼，中间放入油
酥面团，将其包起，捏紧收口，包成
一个大面团。将大面团用手按扁，擀成一
块长方形面片，将面片卷成圆筒状，包
上保鲜膜，静置松弛一会儿，切成每份
35 克的剂子。

⑦ 做明酥则将面剂子切口朝上，压扁。做
暗酥则将切口朝侧边，光滑的面朝上，
压扁。将面剂子擀开成圆饼状，包入馅
料。用右手按压着内馅，一边转一边将
饼皮向上收口。

⑧ 捏紧收口，将生坯收口朝下摆放在烤盘
上。印章蘸红色素，在饼中央印上花纹。
烤盘放入预热好的烤箱中层，以 180℃
上下火烤 25 分钟即可。

194 紫薯酥  难度：★ ★ ☆

主料

低筋面粉 266 克，温水 54 毫升，猪油 122 克，紫薯 340 克，黄油液 30 毫升

调料

糖粉 20 克，紫薯粉 20 克，炼乳 80 毫升

制作方法 •

① 黄油隔热水加热成液态。将紫薯去皮切小块，蒸熟，搅打成泥，加入炼乳、黄油液，搅拌均匀即成紫薯馅。

② 把紫薯馅分成每份 25 克，共 18 份，逐个揉成小圆球，备用。

③ 把 54 克猪油和糖粉倒入搅拌盆里，再加入温水，用手动打蛋器把油和水划圈搅匀。筛入 150 克低筋面粉，用圆形刮板把所有材料搅拌均匀。

④ 把所有材料和成面团状，倒在硅胶垫上，用双手搓开、揉匀，揉到面团达到扩展阶段，即揉好的面团可以拉出很薄的薄膜，水油面团就和好了。

⑤ 将紫薯粉与 116 克低筋面粉混合过筛，倒入搅拌盆里，倒入 68 克猪油，用手抓捏成面团。面团放案板上，用手按压均匀，就是油酥面团了。两种面团分别包保鲜膜，静置松弛 1 小时（夏季要放冰箱冷藏）。

⑥ 水油面团切成每份 30 克的剂子，油酥面团切成每份 20 克的剂子，全部搓成小圆球，盖上保鲜膜备用。

⑦ 取一块小水油面团，用手掌按扁，按成中间厚、四周薄的圆饼状，放在左手虎口位置，包入一颗小油酥面团，一边转一边将水油皮向上包拢，最后捏紧收口。

⑧ 将所有的小水油面团逐个包好油酥，盖上保鲜膜松弛 20 分钟。

⑨ 松弛好的面团放在案板上，用手掌压扁，擀成椭圆形，由上至下卷起来，盖上保鲜膜再松弛 20 分钟。

⑩ 松弛好的面团再次擀成长条状，由上至下卷起，盖上保鲜膜再松弛 20 分钟。

⑪ 松弛好的面卷，从中间对半切开（切开后可见内部一圈圈的纹路）。

⑫ 取其中一个小面卷，切口的一面朝下，轻轻压扁，再擀成中间厚、四周薄的面皮。

⑬ 将面皮切口面朝下，放在左手虎口位置，放入一份紫薯馅。右手按着内馅，左手收拢饼皮，一边转一边收口，最后将收口捏紧。将 18 个紫薯酥生坯都做好。

⑭ 将紫薯酥生坯收口向下放到烤盘里，放入预热好的烤箱中层，以 180℃上下火烘烤 25 分钟即可。

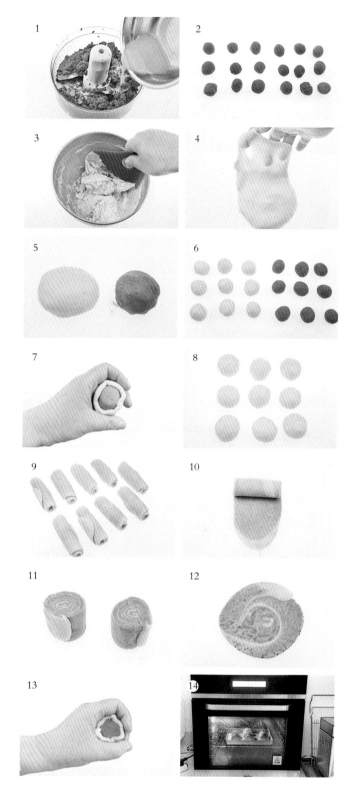

195 奶香鸡蛋糕 难度：★★★

主料

蛋糕粉（或低筋面粉）130克，泡打粉2.5克，奶粉7克，动物鲜奶油50克，黄油90克，鸡蛋150克，蜂蜜15毫升，60℃温开水15毫升

调料

杏仁粉15克，玉米淀粉5克，细砂糖130克，盐1克

制作方法

① 将蛋糕纸杯放入蛋糕模中，蜂蜜加温开水调成蜂蜜水，所有粉类混合后过筛。黄油室温下软化，切小块，放入小锅内，加入动物鲜奶油，小火煮至成液态，熄火凉至温热。

② 鸡蛋磕入打蛋盆中，加入盐、细砂糖，隔45℃温水加热，用手动打蛋器搅拌。当蛋液温度达到38℃时端离，用电动打蛋器中速搅打，直到蛋液的色泽由黄色变为浅白色，体积也膨大一倍。

③ 继续中速搅打，至提起打蛋头，流下的蛋液可在表面画出"8"字，并且痕迹在几秒后才消失。转低速再搅打1分钟，消除蛋液中的大气泡，使蛋液变得更细腻。

④ 加入过筛的所有粉类，用橡胶刮刀反复翻拌50下，直至面糊变得较光滑，倒入调好的蜂蜜水，迅速拌匀。倒入鲜奶油和黄油混合液，迅速翻拌成蛋糕糊。

⑤ 将蛋糕糊倒入裱花袋中，挤入蛋糕模具中的蛋糕纸杯中（九分满）。将模具放入预热好的烤箱中层，以170℃上下火烤20～25分钟，至蛋糕表面有些微金黄色即可。

196 绿豆糕

难度：★★☆

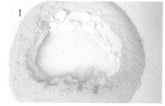

 主料

绿豆面250克,清水25毫升,京糕(山楂糕)150克

调料

绵白糖 100 克，糖桂花 1.5 克

特殊工具

月饼模

制作方法

① 绿豆面置于案板上，中间开窝，放入绵白糖，把清水倒在绵白糖上面，用手把绵白糖搓化。

② 绿豆面向中间拨，混合均匀，用手搓散。

③ 把搓好的绿豆面过筛。放入容器中静置 5 分钟，加糖桂花拌匀。

④ 京糕切成 1 厘米见方的块，备用。

⑤ 月饼模中先放入少许绿豆面，再放入一块京糕，再用绿豆面填满模具。

⑥ 月饼模具口向上，用一个平板覆盖，稍压。把模具倒扣在案板上压实，脱模即成绿豆糕生坯。

⑦ 绿豆糕生坯放入已铺好拧干的湿布的锅中，大火烧开，蒸15 ~ 20分钟即可。

 制作关键

① 绿豆面加入绵白糖和清水搓匀后要过筛，这样口感才会细腻。

② 月饼模装好绿豆面后要口向上先压一下，倒扣时才不会散开。

197 驴打滚

🌿 主料

糯米面 250 克，黄豆面 50 克，豆沙馅 150 克，开水、凉水各 125 毫升，凉开水少许

✏️ 制作方法

① 糯米面放入盆中，加入开水拌匀，再加入凉水搅拌成均匀的稠糊状面团，放入抹油的盘中，入开水蒸锅内加盖蒸 20 分钟。

② 豆沙馅中加入少许凉开水搅拌均匀。

③ 黄豆面放入炒锅内以小火炒熟。

④ 蒸好的糯米面团放到撒了熟黄豆面的案板上揉匀。

⑤ 将糯米面团擀开，折叠三次。

⑥ 擀成厚度约为 3 毫米的大片，抹一层豆沙馅。

⑦ 从一侧开始卷起来，成豆沙糯米卷。

⑧ 用刀把糯米卷切成长 3 厘米左右的段，表面筛上熟黄豆面即可。

👨‍🍳 制作关键

① 糯米面要选择较粗的，这样口感较好。

② 黄豆面要用小火来炒，以免糊锅。

③ 卷制的时候，内侧的边用刀取直，卷得紧一些，成品会比较美观。

198 杏仁瓦片酥

主料

杏仁片 55 克，黄油 25 克，低筋面粉 15 克，蛋白 40 克

调料

糖粉 50 克，香草精 1 毫升

制作方法

① 黄油切成小块，隔水加热，化开成液态，备用。

② 蛋白放盆内，加糖粉，用手动打蛋器搅匀至糖粉溶化，加入液态黄油、香草精，用手动打蛋器搅匀。

③ 加入低筋面粉，用手动打蛋器搅拌均匀。

④ 加入杏仁片，用橡胶刮刀拌匀。

⑤ 烤盘上铺上耐高温油布，用汤匙挖上少许面糊放在油布上，并将面糊平铺开。

⑥ 铺好所有面糊，将烤盘放入预热好的烤箱中层，以180℃上下火烤5～6分钟，见饼干表面呈微黄色即可。

⑦ 取出烤好的饼干，将其趁微热时放在擀面杖上，折成弯形，自然放凉，饼干就成瓦片形了。

制作关键

① 面糊在烤盘上不用摊得太薄，烘烤时面糊还会自动摊开。

② 这种蛋白酥饼容易粘在烤盘上，而且因为摊得比较薄，不易取出，所以建议使用防粘性最好的耐高温油布。

199 杧果布丁  难度：★ ☆ ☆

🍃 主料

杧果肉适量，淡奶油 150
毫升，牛奶 100 毫升，吉
利丁片 10 克

🧂 调料

细砂糖 50 克

🥄 配料

薄荷叶适量

🥖 制作方法

① 吉利丁片用冷水浸泡，备用。取 450 克杧果肉切成大块，
　倒入淡奶油，搅拌一下，用料理机打成杧果蓉。
② 牛奶中加入细砂糖，用奶锅煮至约 60℃，搅拌至细砂糖溶化。
③ 待牛奶温度下降至温热时，加入吉利丁片，搅拌至其化开。
　将牛奶倒入杧果蓉中，搅拌均匀。
④ 将杧果牛奶糊过筛后倒入玻璃杯中，放入冰箱冷藏 4 小时
　以上。取出后放上切成丁的杧果肉和薄荷叶点缀。

👨‍🍳 制作关键

① 牛奶的温度不能过高，约 60℃即可，用温度过高的牛奶化开吉
　利丁片，会影响布丁凝固。
② 杧果牛奶糊过筛一次，可让布丁口感更加顺滑。

200 蔓越莓牛轧糖 难度：★ ☆ ☆

🍃 主料

棉花糖 180 克，无盐黄油 25 克，奶粉 110 克，生花生碎 100 克，
蔓越莓干 80 克

🥖 制作方法

① 生花生碎置烤箱中层，用 150℃上下火烤 15 分钟。无盐黄
　油放入锅中加热，用刮刀搅拌至化开。
② 加入棉花糖，搅拌至完全融化，关火。
③ 倒入奶粉，搅拌均匀。倒入烤好的花生碎和蔓越莓干，搅拌
　均匀。
④ 倒入不粘模具里，压平。放凉后取出切块即可。

👨‍🍳 制作关键

熬煮棉花糖时，火不宜太大，过大容易煳，而且成品口感会过硬。

⟨201⟩ 盆栽布丁

难度：★☆☆

🌿 主料

奥利奥饼干碎 100 克，淡奶油 110 毫升，炼乳 25 毫升

🍶 配料

薄荷叶适量

✂ 特殊工具

花盆样杯子

📝 制作方法 •

① 淡奶油用电动打蛋器打至六分发，加入炼乳，用刮刀拌匀。
② 继续打至八分发，装入裱花袋中。
③ 奥利奥饼干用料理机搅碎。
④ 杯子底部铺一层饼干碎，然后挤一层打发的奶油。
⑤ 重复步骤④，直至将杯子填至九分满。
⑥ 在布丁表面插上薄荷叶装饰，放入冰箱冷藏 4 小时。

🔍 厨房窍门 •

① 如没有炼乳可换成细砂糖。打发淡奶油时添加炼乳，风味更佳。
② 奥利奥饼干也可换成消化饼干。

202 **提拉米苏**

难度：★★☆

🌿 主料

低筋面粉 55 克，可可粉 10 克，鸡蛋 110 克，蛋白 40 克，蛋黄 1 个，淡奶油 180 毫升，马斯卡彭奶酪 150 克

🧂 调料

细砂糖 155 克，咖啡酒 50 毫升

⚗️ 配料

草莓 1 颗

🍴 特殊工具

28 厘米 ×28 厘米烤盘，直口杯

🥄 制作方法 •

① 低筋面粉和可可粉混合，过筛，备用。鸡蛋放至室温，打散，备用。30 毫升淡奶油隔温水加热，备用。全蛋液中加入 70 克细砂糖，隔热水用电动打蛋器打至发白，体积变大。

② 将全蛋液继续打至全发，即提起打蛋头画 "8" 字，痕迹可保持 3 秒不消失；或蛋液滴落时能堆起保持几秒钟，再慢慢还原。

③ 加入过好筛的低筋面粉和可可粉，用刮刀从盆底向上翻拌，拌到手感变重即可。

④ 25 克细砂糖平分三次加入蛋白中，用电动打蛋器打至全发。打发好的蛋白霜细腻且富有光泽，提起打蛋头，蛋白霜被拉出短小直立的尖角。

⑤ 打发好的蛋白霜分两次加入面糊里，用刮刀拌匀。加入热的淡奶油，搅拌均匀。

倒入铺好纤维垫的烤盘中，放入预热好的烤箱烘烤。烤好的蛋糕取出放凉，裁成杯子口径大小的蛋糕片。

⑥ 蛋黄中加入 30 克细砂糖，隔热水用手动打蛋器搅拌至细砂糖溶化，蛋黄变白。加入马斯卡彭奶酪，搅拌均匀。加入 15 毫升咖啡酒，搅拌均匀，成奶酪糊。

⑦ 将 150 毫升淡奶油加入剩余的 30 克细砂糖，用电动打蛋器打至六分发，加入奶酪糊里，用刮刀搅拌均匀。

⑧ 在小杯里挤一层搅拌好的奶酪糊，放一片蛋糕片，刷一层咖啡酒，再挤一层奶酪糊。将制作好的提拉米苏放入冰箱，冷藏 4 小时。取出后在表面均匀地筛一层可可粉，再放上草莓即可。

203 烤布蕾

 难度：★★☆

主料
淡奶油100毫升，牛奶180毫升，蛋黄3个，香草豆荚1/2条

调料
细砂糖适量

特殊工具
布蕾模具4个，喷枪

制作方法
① 在蛋黄中加入40克细砂糖，搅拌均匀。
② 香草豆荚剖开，刮出籽，放入牛奶和淡奶油中，煮至60℃左右。
③ 牛奶冷却后，将其倒入搅拌好的蛋黄糊中，混合均匀，过筛一次。
④ 将蛋黄奶油糊倒入布蕾模具中。烤盘加水，放入布蕾模具，置预热好的烤箱中下层，以160℃上下火水浴法烤30分钟。
⑤ 烤布蕾出炉后放入冰箱冷藏4小时，在其表面撒薄薄的一层细砂糖。
⑥ 用喷枪在离烤布蕾5厘米远的地方烘烤，烤到表面变成焦糖色即可。

制作关键
烤盘里的水尽量多放，烤出的布蕾口感更爽滑。

204 **葡式蛋挞**

🔊 📺 难度：★ ☆ ☆

🌾 **主料**

● **挞水**

鲜奶油 100 克，牛奶 85 克，蛋黄 2 个

● **其他**

千层酥皮 1 张

🧂 **调料**

吉士粉 15 克，细砂糖 30 克，炼乳 15 毫升

✖ **特殊工具**

挞模

🥄 **制作方法** ·

① 吉士粉放入奶锅，冲入少许牛奶搅至化
开。加鲜奶油、剩余牛奶、细砂糖、炼
乳搅匀，移至火炉上，边小火煮边搅拌，
直至起小泡（约60℃）。

② 煮好的浆汁放凉后，加入蛋黄搅散。

③ 挞水用网筛过滤后即可使用。

④ 将千层酥皮切去不整齐的边角，裁成长
方形。

⑤ 案板上撒少许干粉，将酥皮由下向上卷
成筒状。

⑥ 卷好后，将收口粘紧，包上保鲜膜，入

冰箱冷冻 15 分钟。

⑦ 将酥皮卷取出，切成 1.5 厘米宽的小段。

⑧ 将酥皮卷小段切口沾干粉，切口朝上放
入挞模内，依挞模形状按成 2 毫米厚的
挞皮。

⑨ 按好的挞皮要略高于挞模。做好所有挞
皮后，将其移入冰箱冷藏松弛 20 分钟。

⑩ 将挞水倒入做好的挞皮内，七分满即可。

⑪ 以上下火、220℃、中层烤 20 分钟，再
移至上层烤 1 ~ 2 分钟上色。

205 蛋黄派

难度：★★☆

🌿 主料

低筋面粉45克，黄油115克，鲜奶83毫升，蜂蜜5毫升，蛋黄2个，大鸡蛋2个

🧂 调料

细砂糖90克，香草精1毫升

🍳 蛋黄派制作方法 •

① 把15克黄油和18毫升鲜奶一起放入小碗中，隔热水加热成液态。

② 鸡蛋、细砂糖、蜂蜜一起放入干净、无水无油的打蛋盆内，隔40～45℃的热水打发。

③ 一次性筛入低筋面粉，用橡胶刮刀从盆的底部往上翻拌，每次都要从盆底把干面粉捞起来。动作要轻柔，一直拌至看不到面粉颗粒，面糊呈光滑细腻的状态。

④ 取出约1/10的面糊，加入化开的黄油鲜

奶中大致拌匀，再将黄油鲜奶糊倒入步骤③的面糊盆中，快速又轻柔地拌均匀。

⑤ 面糊拌匀后马上倒入模具中，八九分满即可。

⑥ 将模具放入预热的烤箱中层，以160℃上下火烤18～20分钟，至蛋糕表面金黄即可。

⑦ 在蛋糕一侧开个小口。将英式奶油霜装入裱花袋中，在裱花袋尖端剪一道小口，将奶油霜挤进蛋糕中即可。

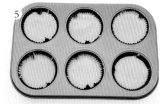

🥄 英式奶油霜制作方法 •

① 将蛋黄和细砂糖放入打蛋盆里，用手动打蛋器中速搅拌，直至细砂糖化开。

② 取小锅，倒入65毫升鲜奶，再倒入蛋黄液，置火上加热，边加热边用锅铲搅拌。

③ 煮至约75℃，用锅铲挑起看一下，液体变得浓稠，用手划过铲子上的液体可划出一条痕迹即可。

④ 将煮好的蛋奶浆过滤，放凉至室温（要低于30℃）。

⑤ 软化的100克黄油用电动打蛋器搅散，加入香草精搅打匀。

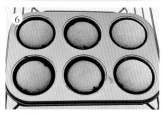

⑥ 分三次加入冷却的蛋奶浆，每次都要搅打均匀后再加入下一次。将全部材料搅成乳膏状，英式奶油霜就做好了。

👨‍🍳 制作关键 •

① 面糊加入黄油液体后一定要快速翻拌匀，因为打发的蛋液最怕油脂，一旦遇到油脂就很快消泡了。

② 面糊在烘烤中会膨胀，如果模具中倒入过多面糊，就会溢出来。

206 焦糖香蕉派

难度：★ ★ ★

🥘 主料

● 派皮

低筋面粉 125 克，泡打粉 1.5 克，黄油 63 克，全蛋液 25 克

● 卡仕达酱

牛奶 250 毫升，蛋黄 3 个，低筋面粉 25 克，黄油 20 克，香草豆荚 1/4 支

● 焦糖香蕉

清水 30 毫升，黄油 25 克，香蕉 2 根

🧂 调料

● 派皮

糖粉 50 克，盐 1 克，香草精 1 毫升

● 卡仕达酱

细砂糖 50 克

● 焦糖香蕉

细砂糖 80 克，柠檬汁 10 克

⚒ 特殊工具

豆子（或石子）

📋 准备工作

① 黄油提前从冰箱取出，在室温下软化至用手指可轻松压出手印，切小块。

② 鸡蛋提前从冷藏室取出回温，打散，称出需要的全蛋液。

③ 低筋面粉、泡打粉过筛。

🍳 厨房窍门 ·

烤派皮时要先垫上油纸和豆子（或石子）烘烤 15 分钟，目的是给派皮定型，使派皮烘烤时不会隆起。最佳选择是用烘焙专用的石子，因为其较重，而且具有良好的传热效果。如果家里没有，也可以用黄豆、绿豆等豆子代替，随便什么豆子都行。石子或豆子要放在铝箔纸或油纸上，纸张要比派皮略大，这样不但容易取出石子，而且正好盖住侧边的派皮，可以避免取出石子后继续烤制时把侧面的派皮烤焦。

制作方法 ·····

① 63 克黄油放盆中，用电动打蛋器搅至松散。

② 加入糖粉、盐，用电动打蛋器先低速再转中速搅打均匀，打至黄油色泽变白、体积膨大一倍。

③ 分两次加入全蛋液，每次都要用电动打蛋器搅匀后再加入下一次，打至黄油呈乳膏状，加入香草精，搅匀。

④ 加入筛过的低筋面粉和泡打粉，用橡胶刮刀初步拌匀，再用双手混合至看不到面粉。用保鲜膜包住面团，放入冰箱冷藏室，冷藏 1 小时。

⑤ 取出冷藏过的面团，放在撒了少许干粉的案板上，用擀面杖擀成比派盘略大的面皮，厚度约 5 毫米。把派皮平铺在派盘上，用擀面杖在派盘上擀一遍，将多余派皮去除。

⑥ 用餐叉在派皮上均匀地刺上小孔。

⑦ 在派皮上铺上油纸，油纸的大小要盖过派皮的边缘，再在油纸上铺满豆子（或石子）。

⑧ 烤箱预热至 180℃，将派盘放入烤箱下层，以 180℃上下火烘烤 15 分钟，取出派盘，去掉派皮内的豆子和油纸，再放回烤箱，继续以 180℃烘烤 10 ~ 15 分钟，至派皮表面呈金黄色时取出即可。

⑨ 将卡仕达酱材料中的蛋黄和细砂糖搅匀，加低筋面粉搅打成光滑细腻的面糊。

⑩ 牛奶倒入小锅内，放入香草豆荚，开小火将牛奶煮至边沿有些微起泡但还没沸腾的状态。

⑪ 将煮好的牛奶倒入打好的蛋黄面糊中，边倒边用手动打蛋器搅拌均匀。

⑫ 将面糊用网筛过滤到另一个干净的小锅里。

⑬ 小锅置火上，开小火，边煮边用硅胶铲搅拌面糊，直至煮成较浓稠但仍会流淌的状态（不要煮得太干），卡仕达酱就煮好了。

⑭ 小锅内加入清水、80 克细砂糖，用小火熬煮，至糖水变成浅褐色。加入香蕉、25 克黄油和柠檬汁，小火煮至香蕉均匀地裹上焦糖浆。

⑮ 将烤好的派皮中抹上一层卡仕达酱。

⑯ 在表面加一层煮好的焦糖香蕉即可。

 制作关键 ·····

① 一定要确认派皮烤到表面都上色，不然派皮就不够酥脆。

② 香蕉不耐煮，煮太久会过软、变小，既不好看也不好吃。

207 缤纷水果奶酪派

 难度：★ ★ ☆

主料

全麦消化饼干 120 克，黄油 65 克，奶油奶酪 150 克，酸奶 85 毫升，动物鲜奶油 150 毫升，吉利丁片 1 片，清水 15 毫升，杠果、草莓、蓝莓各适量

调料

蜂蜜 20 毫升，细砂糖 80 克

准备工作

① 奶油奶酪提前从冰箱取出软化。
② 全麦饼干掰成小块，放入搅拌机内搅拌成极细的碎末（或放入食品袋中，用擀面杖擀成碎末），放入盆中。
③ 吉利丁片剪成两半，浸入凉水中，浸泡至软。
④ 杠果去皮、核，取果肉切成长条状。草莓洗净，对半切开。

 制作方法 •

① 黄油放入小碗中，隔热水加热至熔化成液态，倒入饼干碎屑中，用橡胶刮刀压拌，至饼干碎屑充分吸收黄油。
② 将拌匀的饼干碎屑倒入派盘中，用饭铲压平整。
③ 用手稍用力按压，直到饼干碎屑都紧贴着派盘，然后将派盘移入冰箱冷冻 30 分钟，备用。
④ 奶油奶酪切小块，加入细砂糖，隔热水加热 5 分钟至软化。
⑤ 用电动打蛋器先低速再转中速，将奶油奶酪打匀。
⑥ 加入酸奶，用电动打蛋器中速搅打均匀。
⑦ 分三次加入动物鲜奶油，每次都要用电动打蛋器搅匀后再加入下一次。
⑧ 泡软的吉利丁片放小盆中，加清水，隔温水加热至化成液态。
⑨ 将吉利丁溶液和蜂蜜都加入打好的奶酪糊中。
⑩ 用电动打蛋器中速搅拌，直到所有的材料混合均匀。
⑪ 将冻好的派盘取出，倒入做好的奶酪糊至满模，将派盘移入冰箱冷藏 2 小时。
⑫ 取出奶酪派底，在表面摆上水果即可。

制作关键 •

① 建议使用不粘派盘，如果使用的是普通派盘，则要在派盘上先垫一块与模具大小相同的圆形铝箔纸，以方便脱模。
② 饼干屑加入黄油后再经冷冻就会变得很坚固了。但是一定要按着配方的比例来做，如果黄油量不够，饼干屑就冻不起来了。
③ 派上面的水果可以根据自己的喜好来放，喜欢吃杠果的话可以多放一点，感觉杠果和奶酪馅、派皮最搭。

208 爆浆菠萝泡芙

 难度：★ ★ ★

🌿 主料

● 菠萝皮面团

黄油 40 克，奶粉 5 克，低筋面粉 50 克

● 卡仕达奶油馅

牛奶 250 毫升，蛋黄 3 个，低筋面粉 25 克，黄油 20 克，动物鲜奶油 150 毫升

● 泡芙

黄油 50 克，清水 100 毫升，低筋面粉 60 克，全蛋液 110 克

🧂 调料

● 菠萝皮面团

糖粉 27 克

● 卡仕达奶油馅

细砂糖 50 克，香草豆荚 1/4 支（或香草精 1 毫升），糖粉 15 克

● 泡芙

盐 1 克

📷 准备工作

① 黄油提前从冰箱取出，在室温下软化至用手指可轻松压出手印，切很小的块。

② 鸡蛋提前从冷藏室取出回温，打散，称出需要的全蛋液。

③ 香草豆荚用小刀从中间对半剖开，仔细刮出里面的香草籽。

菠萝皮面团制作方法

① 软化好的黄油放入打蛋盆中，用电动打蛋器低速搅散。加入糖粉，用电动打蛋器先低速再转高速打匀。
② 把奶粉和低筋面粉混合，用面粉筛筛入黄油糊中，用橡胶刮刀把所有材料拌匀，用手抓捏成面团，包上保鲜膜，入冰箱冷藏。

卡仕达奶油馅制作方法

① 将蛋黄放入打蛋盆中，加入细砂糖，用手动打蛋器搅打至砂糖溶化，无须打发。
② 加入过筛的低筋面粉，用手动打蛋器搅打成光滑的面糊。
③ 牛奶倒入小锅中，放入香草豆荚和香草籽（或香草精），小火煮至牛奶边沿有些起泡，但还未沸腾时关火。
④ 将煮好的牛奶倒入打好的蛋黄面糊中，边倒边搅拌均匀。
⑤ 将调好的面糊用网筛过滤到小锅里，去除香草籽。
⑥ 开小火，边煮边用硅胶铲翻拌防止粘底，煮成较浓稠但仍能流淌的面糊，趁热加入黄油拌匀，盖保鲜膜放凉，即为卡仕达酱。
⑦ 将动物鲜奶油放入打蛋盆中，加糖粉，用电动打蛋器中速打至九分发。
⑧ 加入卡仕达酱，用电动打蛋器低速搅匀成为卡仕达奶油馅。

泡芙制作方法

① 软化的黄油块放小锅中，加盐、清水，中小火煮至黄油化成液态。
② 熄火，把低筋面粉均匀撒在滚烫的液体中。锅端离火，将所有材料用硅胶刮刀划圈搅拌匀成面团。动作要快，把面粉烫匀。
③ 开小火加热面团以去除水分，边加热边用硅胶刮刀翻动面团，至锅底起一层薄膜后马上离火，不要烧煳。
④ 将面团倒入大盆内，摊开散热至不烫手，分次少量加入全蛋液。每次都要用刮刀充分搅匀后再加入下一次。直至面团完全吸收了蛋液，面糊变得光滑细腻，用刮刀铲起面团时会出现倒三角状而不滴落。
⑤ 裱花袋装上10毫米圆口花嘴，装入面糊，挤在不粘烤盘上，互相之间要隔开3厘米的空隙。
⑥ 取出冷藏的菠萝皮面团，用刮板分割成16份，每份7克，搓圆，放在左手中，用右手大拇指按成帽子状，要和泡芙一样大，盖在泡芙上。
⑦ 烤盘放入预热好的烤箱底层，以180℃上下火烤30分钟，至泡芙表皮有些微上色。
⑧ 裱花袋上装好花嘴，将卡仕达奶油馅装入裱花袋中，从泡芙底部挤入，挤到感觉馅马上要溢出来即可。

197

209 水果奶油泡芙

 难度：★ ★ ☆

主料
低筋面粉 60 克，黄油 50 克，动物鲜奶油 100 毫升，清水 100 毫升，鸡蛋 2 个（约 110 克）

调料
盐 1 克，细砂糖 10 克

配料
新鲜水果适量

制作方法

① 将黄油软化，切成小块，和盐、清水一起放入小锅内，用中小火煮至黄油化成液态，清水沸腾。

② 马上离火，立即加入低筋面粉。用木铲划圈搅拌，使面粉都被均匀地烫到，变成面团。

③ 重新开小火，加热面团以去除水分，用木铲翻动面团，直至锅底起一层薄膜，离火。

④ 将面团倒入大盆内，摊开散热至不烫手。将鸡蛋打散，分次少量地加入面团中，每次都用手动打蛋器搅打均匀。

⑤ 搅至面团完全吸收了蛋液，成为光滑、细致的面糊，用刮刀铲起呈倒三角状，但不滴落。

⑥ 将面糊装入裱花袋内，用圆形花嘴在烤盘上挤出圆形面糊。用蘸了凉水的餐叉将面糊表面的尖峰处压平。

⑦ 烤箱预热至 200℃，将泡芙以上下火、200℃、中层烤 25 分钟后，放凉至不烫手。用面包刀将泡芙中间位置割开，不要割断。

⑧ 将动物鲜奶油加细砂糖打至硬性发泡，装入裱花袋中，用菊花嘴挤入泡芙中，装饰水果即可。